新型农民职业技能培训教材

禽病防治员
培训教程

唐桂芬　李新正　主编

中国农业科学技术出版社

图书在版编目（CIP）数据

禽病防治员培训教程／唐桂芬，李新正主编．—北京：中国农业科学
技术出版社，2012.5

ISBN 978 - 7 - 5116 - 0869 - 7

Ⅰ.①禽…　Ⅱ.①唐…②李…　Ⅲ.①禽病 - 防治 - 技术培训 - 教材
Ⅳ.①S858.3

中国版本图书馆 CIP 数据核字（2012）第 064571 号

责任编辑　　朱　绯
责任校对　　贾晓红　范　潇

出 版 者　　中国农业科学技术出版社
　　　　　　北京市中关村南大街 12 号　邮编：100081
电　　话　　（010）82106626（编辑室）　　（010）82109704（发行部）
　　　　　　（010）82109709（读者服务部）
传　　真　　（010）82109707
网　　址　　http://www. CASTP. cn
经 销 者　　各地新华书店
印 刷 者　　北京富泰印刷有限责任公司
开　　本　　850mm×1 168mm　1/32
印　　张　　5. 875
字　　数　　158 千字
版　　次　　2012 年 5 月第 1 版　2012 年 5 月第 1 次印刷
定　　价　　17. 50 元

《禽病防治员培训教程》
编委会

主　编　唐桂芬　李新正

副主编　陈理盾　张春霞　刘书梅

前　言

　　2010 年 1 月 21 日，国务院办公厅下发《国务院办公厅关于进一步做好农民工培训工作的指导意见》（国办发〔2010〕11号）（以下简称《意见》），针对自 2004 年由国家农业部、财政部、劳动和社会保障部、教育部、科技部和建设部共同启动实施的农村劳动力转移培训项目存在的问题，提出了更加明确和具体的要求，强调要加强技能培训，确保培训效果，要"根据农民工培训工作的实际需要，抓好培训教材规划编写和审定工作"。本教程就是根据《意见》的精神要求，结合家禽疫病防治工作实际以及农民工参加培训学习的需要而编写的。

　　本教程主要根据《动物疫病防治员国家职业标准》，结合当前我国养禽业生产中出现的禽病呈现多样化、复杂化和隐性感染、混合感染、非典型病例及免疫抑制病越来越多，给正确诊断和科学防控带来困难等特点的实际，编写了禽病防治员职业规范与要求、禽病综合防控措施及家禽免疫接种技术、病毒性疾病、细菌病、寄生虫病、中毒病、普通病、营养代谢病等各种家禽疾病中的常见病与防治措施，语言上力求简明扼要，深入浅出，通俗易懂，突出实践操作性。并通过大量的典型图片，力求图文并茂。同时，还编录了禽病防治员需要学习掌握和广泛宣传的相关法律法规。因此，本书不仅可以作为禽病防治员培训的书面教材，也是广大家禽养殖户必备的禽病预防和诊治工具书。

　　本书编写人员长期从事职业技能鉴定、禽病临床诊断与治疗、家禽学教学等工作。熟悉动物疫病防治员职业规范及相关知识，具有丰富的禽病防治临床经验及家禽饲养管理经验。本书不少内容也是编者对长期临床工作经验的总结。

本书在编写过程中参考了甘孟侯主编的《禽病诊断与防治》，陈理盾主编的《禽病彩色图谱》，李新正主编的《禽病鉴别诊断与防治彩色图谱》，程安春主编的《鸡病防治大全》，王笃学、阴天榜主编的《科学使用兽药》，《中华人民共和国兽药典》（二〇一〇年版）等著作。还得到了郑州牧业工程高等专科学校崔耀明教授的指导，在此一并感谢。

由于编著者水平有限，加之时间仓促，书中的不足和缺点，甚至错误之处在所难免。诚恳希望广大读者提出宝贵意见，以便在今后修订中改进和完善。

目 录

第一章　禽病防治员职业概述

近年来，高致病性禽流感等传染性疾病在全球范围内不断蔓延，对养禽业的发展造成危害，对局部地区的农业经济发展产生较为严重的影响，并威胁到人类的安全。我国也先后多次发生较大规模的禽流感疫情，因此，加强禽病防治员队伍建设，可以把家禽防疫工作强化到基层，有利于禽流感等重大疫情的早发现、早上报、早处置，有利于家禽各项疫病防控及各项措施的落实，也是我国畜牧业健康发展的重要保障。

禽病防治员是服务一线畜牧业的基层工作人员，是家禽强制免疫、疫病防控、疫情报告、家禽免疫档案建立、家禽标识加挂等工作实施的主力军。是家禽疫病防治工作相关法律法规及政策的执行者、宣传者，是当地兽医行政主管部门落实家禽疫病防控工作的得力助手。

一、禽病防治员职业概况

1. 概述

禽病防治员是指从事家禽疫病防治工作的人员。按照《动物疫病防治员国家职业标准》禽病防治员共设 3 个等级，分别为：初级（国家职业资格五级）、中级（国家职业资格四级）、高级（国家职业资格三级）。

2. 基本要求

禽病防治员应具有初中及其以上文化程度，具有一定的学习和计算能力；嗅觉和触觉灵敏；手指、手臂灵活，动作协调。

3. 培训要求

禽病防治员接受全日制职业学校教育，具体要求应根据其培养目标和教学计划来确定。禽病防治员晋级培训应按照国家相关规定的培训要求，培训期限：初级不少于150标准学时；中级不少于120标准学时；高级不少于90标准学时。

4. 工作职责

在当地兽医行政主管部门的管理下，在当地动物疫病预防控制机构和动物卫生监督机构的指导下，禽病防治员在其所负责的区域内主要承担以下工作职责。

（1）协助做好动物防疫法律法规、方针政策和防疫知识宣传工作。

（2）对本地区家禽的饲养及发病情况进行巡查，做好疫情观察和报告工作，协助开展疫情巡查、流行病学调查和消毒等防疫活动。

（3）负责本地区家禽的免疫工作，并建立家禽养殖和免疫档案。

（4）掌握本地家禽饲养情况，熟悉饲养环境，了解本地区家禽多发病、常见病、流行病情况，协助做好本地区家禽的产地检疫及其他监管工作。

（5）参与家禽重大疫情的防控和扑灭等应急工作。

二、禽病防治员必备的职业素养

1. 学习掌握相关法律法规和管理办法

禽病防治员要认真学习《中华人民共和国动物防疫法》、《重大动物疫情应急条例》、《动物疫情报告管理办法》、《高致病性禽流感疫情处置技术规范》、《畜禽标识和养殖档案管理办法》、《兽药管理条例》等法律法规，并将法律法规和管理办法中有关要求应用到家禽防疫工作中，做到知法、懂法、守法，成为相关法律的维护者、宣传者和实践者。

2. 有强烈的工作责任感

禽病防治员要爱岗敬业，热爱基层禽病防治工作，工作中要坚持原则，遵纪守法，不谋私利，严格履行工作职责，恪守职业道德，抱着对社会、对人类负责的强烈的责任感和使命感，认真做好基层禽病防控工作。

3. 学习业务知识，提高工作能力和服务水平

禽病防治员必须认真学习家禽疫病防控技术，熟练掌握家禽强制免疫、免疫档案建立、家禽疫情报告等技能，提高家禽疫病防控技术水平，能胜任并完成家禽疫病各项防控工作。

禽病防治员要养成终身学习的习惯，不断更新知识，及时掌握家禽疫病防控的新技术、新要求和疫病流行的新特点，不断提高适应家禽疫病防控新形势的工作能力和水平。

三、禽病防治员必备的专业素养

1. 具备系统的专业基础知识

禽病防治员应具备系统的家禽解剖生理基础知识、家禽病理学基础知识、兽医微生物与免疫学基础知识、常用兽药基础知识，并能将这些基础知识熟练地运用到生产实践中。

2. 具备系统的专业知识

禽病防治员应具备系统的家禽传染病防治知识、家禽寄生虫病防治知识、人畜共患传染病防治知识、家禽卫生防疫知识、家禽标识识别及佩戴技能。

禽病防治员应熟悉本地区家禽养殖状况及疫病流行规律，并熟悉家禽疫病防控措施。

禽病防治员职业要求详见附录二《动物疫病防治员国家职业标准》。

第二章 禽病综合防控措施

疫病是家禽养殖的大敌，禽病的发生取决于两个因素：一是病原微生物是否存在及其强弱程度；二是机体抵抗力的强弱程度。疫病防控是一个系统工程，搞好养殖场的场址选择和隔离工作，搞好环境卫生，科学消毒，使病原微生物远离养殖场。加强饲养管理和环境控制，制定科学的免疫程序，选择优质疫苗适时免疫接种，合理使用保健药物，增强机体抵抗力，优化饲养环境，减少应激，给家禽生产创造良好的环境，保证禽群远离疫病的困扰，使禽场取得良好的经济效益。

一、预防病原微生物的侵入

1. 场址选择

养殖场的场址选择要远离其他养殖场 500 米以上，远离交通要道、人群密集区、动物屠宰场和化工厂等，使家禽远离传染病威胁，远离化工污染。

2. 外来人员、车辆和物品的隔离和消毒

外来人员严禁进入生产区，必须进入时需要更衣、沐浴、消毒；外来车辆严禁进入生产区，确实需要进入则必须经严格消毒；外来物品一般只在生活区和办公区使用，进入生产区必须消毒。

3. 禽舍之间的隔离

养殖场最好采用"全进全出"饲养模式，也就是一个场最好饲养批次、品种、来源相同的家禽，待到上市日龄或淘汰日龄全部销售，全场经过清理、消毒和闲置后，再饲养下一批家禽，这样有利于切断疫病的循环传播，有利于禽场防疫管理，减少疫病的发生。

养殖场若同时饲养不同品种、不同批次的家禽，建场规划时应科学设计，使同品种、同批次的家禽集中饲养在一栋禽舍内，禽舍之间相距一般应大于舍高的 2.5 倍，舍与舍之间设计绿化带，减少相互之间的污染。

4. 搞好环境卫生工作

禽舍必须每天清扫，垫料必须干燥、无霉变、无污染，垫料使用前需彻底暴晒，利用阳光中的紫外线杀灭其中的微生物，食槽及饮水器要干净卫生，定期清理粪便和垫料。

运动场要清洁卫生，避免出现低洼积水，做好科学灭鼠、灭蝇工作，但要注意鼠药的保管和使用，防止人及家禽中毒。

二、家禽饲养管理要点

1. 加强饲养管理

科学的饲养管理是增强机体抵抗力和预防各种疫病的重要措施，禽舍应保持适宜的温度和饲养密度、适中的光线、良好的通风、安静卫生的环境，供给家禽全价营养的饲料和清洁的饮水。

2. 供给清洁卫生的饮水

水是生命之源，家禽长期饮水不足会导致消化机能紊乱，如生长停滞、换羽、停止产蛋、抵抗力下降感染疾病等；家禽饮用水品质差，水中矿物质、细菌、霉菌等有害物超标会引起家禽感染疾病、长期拉稀等，因此，家禽饮水要符合饮用水标准，如深井水、自来水等，饮用消过毒的水，效果更好。

3. 防止应激

应激和外伤是诱发疫病流行的主要因素，如突然断水、断电、温度骤变、改变光照强度、饲养密度过大、通风过度、转群、免疫接种、噪声等因素均可诱发疫病；因此，日常饲养管理必须按程序进行，不能随意破坏家禽群体已经习惯的生活规律。

三、禽场的消毒

禽舍及运动场每周应进行两次消毒。

禽舍及育雏室必须每天清扫，食槽及饮水器要每天清洗一次并消毒，清除垫料前，先喷洒消毒液，以防尘埃飞扬。

运动场要干净卫生，定期消毒；水禽下水的池塘岸边，要有一定坡度，并设置适当的台阶；运动场内不得堆积杂物，及时清扫残留的饲料。

四、定期使用药物保健

有计划地在饲料或饮水中添加抗生素、抗寄生虫及抗霉菌药物，可以预防某些传染病和寄生虫病的发生。

应选择广谱、高效、低毒、价廉及使用方便的药物，并严格按规定用药，避免因用药不当而造成防治效果不好或药物中毒。在饲料或饮水中添加药物应注意家禽的饲料消耗量和饮水量，饲料消耗量增加，药物的内服量也增加，饲料消耗量减少，药物的内服量也减少；天热，饮水量增加，可能会使家禽内服过量的药物而中毒；天凉，饮水量减少，内服药物量也减少，可能会控制不了疫病。为了避免病原体产生耐药性，不能长期使用单一品种的药物，应经常更换药物的种类或联合用药，当一个疗程结束后更换另一种药物会收到较好的防治效果；在使用微生态制剂或弱毒疫苗时，不能同时使用抗生素，以免影响效果。

五、常用生物制品的种类

生物制品是应用微生物学、寄生虫学、免疫学、遗传学及生物化学的理论和方法，利用微生物或寄生虫及代谢产物或应答产物制备的一类物质。常用于动物传染病的预防、诊断和治疗，临床上常用生物制品有以下几种。

1. 预防免疫用疫苗

根据疫苗的性质和制备方法不同，疫苗可分为以下几种。

活苗：是利用活的微生物给家禽预防接种，常用的有弱毒苗、中毒苗和异源苗。

弱毒苗：是自然分离弱毒株或利用毒力减弱技术使毒力减弱但仍保持良好的免疫原性的微生物制成，其优点是免疫力产生快，一般免疫后 5~7 天可产生良好的免疫保护作用，使用成本低，便于大群免疫，缺点是免疫保护期相对较短，需多次免疫，免疫原性相对较差，免疫保护作用也较差，需低温运输和保存。

中毒苗：在毒力上比强毒弱，比弱毒强，具有良好的免疫原性，此种疫苗接种幼禽后有较强的副作用，免疫反应较大，对较大家禽有较好的免疫作用，免疫力高于弱毒苗。如新城疫 I 系，传染性支气管炎 H_{52} 冻干苗等。

异源苗：即不用病原毒株，而是用与抗原关系密切的其他病毒制备的疫苗，这是因为病毒之间存在着共同保护性抗原。如鸽痘病毒可保护鸡不感染鸡痘、用火鸡疱疹病毒疫苗可以预防鸡马立克氏病。

灭活苗：是用化学药品将病原体灭活，使其失去致病性和繁殖能力，但仍保持免疫原性而制成的生物制品。在生产上根据佐剂不同可将灭活苗分为氢氧化铝苗、油乳剂灭活苗、蜂胶苗及水苗等类型。

2. 免疫诊断用生物制品

免疫诊断是用生物制品诊断家禽传染病或测定禽群的免疫状态，所用的生物制品称为免疫诊断液，包括诊断抗原、诊断血清、变态反应诊断抗原、荧光抗体、酶标抗体等。

3. 免疫治疗用生物制品

免疫治疗就是在禽群发生传染病时，对禽群注射治疗用生物制品，使其立即获得坚强的免疫力，迅速控制疫情，如高免血清、高免蛋黄液、精制免疫球蛋白等。

4. 免疫增强剂

免疫增强剂是指可通过影响机体的免疫应答反应和免疫病理反应而增强机体免疫功能的药物。家禽免疫增强剂有以下几类：生物因子、化学药物、微量因子、微生物类，常用的有白细胞介素、左旋咪唑、黄芪多糖等。

六、家禽常用的免疫接种方法

由于疫苗的种类不同，不同日龄的禽群应选择适合的免疫接种方法，常用的方法有以下几种。

1. 点眼、滴鼻接种法

雏禽的免疫机能不健全，但也会受到某些病原体的侵害而致病，不能用大量的和刺激性强的疫苗进行免疫接种，可采用点眼、滴鼻方法。

具体方法是，左手握住雏禽，用左手食指与中指夹住头部固定，平放拇指将禽只的眼睑打开，右手握住已吸有稀释好疫苗的滴管，将疫苗液滴入眼内、鼻孔各一滴，在滴鼻时应注意用中指堵住对侧的鼻孔，待眼内和鼻孔内疫苗吸入后方可松手，一般一滴的量为 0.03 ~ 0.05 毫升。

家禽的眼球后方有一个哈德尔氏腺，是禽的重要免疫器官，对于免疫机能不健全的雏禽实施点眼和滴鼻接种，可诱导雏禽产生较好的局部黏膜免疫，能建立起病毒入侵禽体的第一道免疫屏障，避免早期感染疫病；用这种方法可使每只禽接受同样剂量的疫苗，免疫水平较一致。

此法需人工捉禽，费时费力，对禽群产生较大的应激，在操作时尽量减少应激，禽群相对安静，也是提高免疫效果的因素之一。

2. 饮水接种法

饮水接种法简单省力，对禽的应激小，大群禽体适用。

具体方法是将要接种的疫苗按说明要求稀释后一次投入饮水中让家禽饮用，在2小时以内饮完。夏天，为保证疫苗的质量和免疫效果，也可将疫苗分两次加入饮水中，中间间隔1小时或连续加入，每次饮水时间均不能超过2小时。家禽饮用稀释疫苗的水量因周龄不同而异。一般1～2周龄8～10毫升/只，3～4周龄15～20毫升/只，5～6周龄20～30毫升/只，7～8周龄30～40毫升/只，9～10周龄40～50毫升/只。成禽的饮水量以其在两小时内饮完为准。

饮水免疫的缺点：（1）只起到局部黏膜免疫的效果，抗体效价不高，免疫期限短；（2）因个体差异或饲养密度等原因，使禽只饮水量不同，服用疫苗的量也不同，群体免疫抗体水平参差不齐，影响整群的免疫质量；（3）稀释用水的质量对疫苗的免疫效果影响极大；（4）饮水器不能用金属制品，金属离子对疫苗株有杀伤作用，也会降低免疫质量；（5）气候对饮水免疫也有一定的影响，如禽只冬季喝水量少，夏季喝水较多，为了保证饮水免疫效果，要对禽只实行控水措施，夏季一般以饮苗前2小时停水为宜，冬季可提前3～4小时停水，这样尽量使禽只能够饮到足够的疫苗，以保证免疫效果。

在稀释疫苗时加入适量的脱脂奶粉或脱脂鲜乳，可使疫苗毒株免受不利因子的损害，提高免疫效果。如饮水免疫鸡法氏囊炎疫苗时就可在饮水中加入2%的脱脂奶粉。

3. 肌内注射接种法

肌内注射法以前也称肌肉注射，2000年2月第2版《护理学基础》将"常用注射法"中的"肌肉注射"改为"肌内注射"。肌内注射接种法可使机体产生的抗体效价高、维持时间长，使禽只获得坚强的免疫力。

肌内注射的部位常选臂头肌、胸肌、腿肌等肌肉发达的部位。一般认为注射臂头肌较好，此处无毛，易暴露，一人即可操作，应激较小，若刺中血管或神经，不影响采食、饮水和活动，免疫效果好；胸肌因禽只日龄、营养状况和禽的种类不同而异，如日龄小和营养不好者，胸部肌肉很少，胸肌注射时会刺穿胸壁而造成禽只死亡；腿肌注射时，会因握不好而刺到神经或血管上，使注射部位肿胀导致家禽不能站立和行走，造成采食、饮水困难，影响免疫效果。

接种部位和针头要消毒，接种部位皮肤可用碘酊或 75% 的酒精消毒，待干后将针刺入，注射器针头也是一种重要的感染途径，应多准备些针头，一只禽一个针头，用过的针头及时消毒；注射时针头应稍斜刺入肌肉中，不能垂直刺入。

接种剂量按说明书要求，使用疫苗前应先检查疫苗的种类质量，注射过程中应不断摇晃，使之均匀，油乳剂苗打开后要当天用完，当天用不完或需隔天使用的应严格消毒处理。

4. 皮下注射接种法

皮下注射主要用于马立克氏疫苗的接种，接种部位在颈背部皮下，接种量为 0.2 毫升左右。

5. 刺种法

刺种法主要用于禽痘活疫苗的接种。将疫苗按 500 羽份加入 8~10 毫升稀释液，用禽痘专用刺种针或新钢笔尖蘸取疫苗，在翅膀内侧无血管处的翼膜刺种。30 日龄以内的雏禽每羽 1 针，30 日龄以上者每羽 2 针，刺种后 5~7 天，检查禽只刺种部位，若刺种部位出现红肿、水疱或结痂，说明接种成功，否则表明接种失败，应及时补种。

6. 喷雾接种法

喷雾接种法是将疫苗用喷雾器喷洒于禽舍空气中，禽只在呼吸过程中将疫苗吸入气管、支气管、肺及气囊内，并在喉头、气管支气管黏膜表面产生局部免疫，建立第一道免疫屏障，有效地防止及减少病原体从呼吸道侵入。

喷雾免疫接种省时省力，免疫效果明显，但要求较高。

气雾免疫要求雾滴的大小10微米左右，大于10微米会很快降落到地面或物品上，小于10微米会很快蒸发，形成不同雾滴，这样空气中没有疫苗雾滴的存在，就不能产生有效的免疫效果。

进口气雾喷雾免疫器喷头口径细，需用无离子水稀释疫苗，否则会造成喷头堵塞，国产气雾喷雾免疫器的雾滴较大，在空气中存在时间较短，禽只不能通过呼吸得到足够的疫苗量，影响免疫效果。

气雾免疫要求室温20℃，相对湿度65%，若室温高室内干燥，雾滴易蒸发。

喷雾接种时要关闭禽舍门窗，尽量减少空气流通，喷雾时在禽群上方一米左右平行喷雾，雾层缓缓慢降落时，禽只在一米厚的雾区内，把疫苗吸入呼吸道而产生免疫抗体。

有呼吸道疾病的禽群不宜采用气雾免疫法，会使病情加重。

气雾免疫法需用疫苗量大，应选择高效价疫苗。使用疫苗的量，可按每1 000羽份疫苗，用200～300毫升稀释液稀释后用于1周龄的鸡群，用400～500毫升稀释后用于2～4周龄的鸡群，用800～1 000毫升稀释后用于5～10周龄的鸡群，用1 500～2 000毫升稀释后用于10周龄以上的鸡群。

七、免疫失败的原因与对策

生产实践中，常常出现免疫达不到预期效果或免疫失败，甚至引起疫病暴发的现象。

1. 疫苗病原的选择

血清型或菌群类型选择：很多疫苗都有多种血清型或菌群类型，必须选择适合本地区的血清型或菌群，才有较好的免疫保护作用。如高致病性禽流感有 H5、H7 等血清型，目前的 H5N1 疫苗对水禽的免疫效果差，基因重组苗 H5N1 则效果较好。

疫苗毒株选择：某些大型肉鸡养殖场为了减少使用疫苗的次数，首次免疫则选用中等偏强毒力的传染性法氏囊病疫苗、新城疫Ⅰ系疫苗，这样很容易造成病毒毒力增强和病毒扩散的危险，甚至导致鸡群死亡；个别禽场因引种或交流，感染了非本地流行毒株的疫病，用本地流行毒株的疫苗免疫则不能产生良好的保护作用；对强毒型的疫苗使用要非常慎重，如强毒型传染性喉气管炎疫苗。

病原之间的干扰作用：同时免疫两种或多种弱毒苗往往会产生干扰现象，如同时免疫传染性法氏囊炎和新城疫疫苗、传染性支气管炎疫苗和鸡新城疫疫苗等，两种疫苗之间会有一定的干扰作用，因此免疫多种疫苗时要间隔适当的时间。

弱毒苗和灭活苗的选择：国家为防止重大人畜共患病，规定只能使用灭活苗的疫病，厂家和地方不准生产和使用弱毒苗，以免造成病毒扩散；对有些畜禽场选择使用"自家组织苗"的，必须做好病料组织的灭活，否则，一旦灭活不好，将是毁灭性的损失。

抗原变异：病原在机体内增殖过程中发生变异，致使针对此病原的疫苗所产生的抗体不能有效地抵抗变异抗原，从而造成免疫失败。需要政府和科研机构及时掌握新病原，研制新疫苗。

2. 疫苗的质量

疫苗的效价：疫苗接种后在机体内有繁殖或释放过程，因此，疫苗必须含有足够量的有活力的病原才能达到免疫效果。如 H5N1 禽流感疫苗对水禽的免疫效果不理想，检测抗体合格率很低，所以，只免疫一次禽流感灭活疫苗对生长周期长的鸡种（如江西鸡 120 日龄出栏）保护率较低，必须至少免疫两次才有效。

保存运输不合理：贮藏温度不科学、运输条件差、疫苗稀释后存放温度不合理以及使用时间过长等因素，都会导致疫苗失效。冻干疫苗需在 $-20 \sim 0℃$ 保存，尤其适宜在 $-15℃$ 以下存放；油乳剂疫苗和铝胶剂疫苗则应避免冻结，适宜温度为 $2 \sim 8℃$；生产中忽视低温保存的现象很普遍，值得加倍重视，如很多小型养殖户都把禽流感等灭活油苗放置墙角，某些疫苗厂家和疫苗经销商都没有低温运输冻干疫苗的设备等。

3. 疫苗的使用

免疫方法：肌内注射免疫时，为加快速度而出现人为"飞针"现象，疫苗没有注射进去或从注射孔流出；滴鼻滴眼免疫时，疫苗未能进入眼内、鼻腔而流到外面；饮水免疫时，免疫前未限水或饮水器内加水量太多，使配制的疫苗未能在规定时间内饮完，疫苗稀释后时间太长导致疫苗失效，另外，饮水器要充足，应使禽群中 2/3 以上的禽只同时有饮水的位置；接种途径不正确，如鸡痘疫苗只适合刺种，传染性喉气管炎适合滴眼免疫，新城疫 I 系疫苗则适合肌内注射免疫，如果为了省事，而将以上疫苗直接饮水免疫，则免疫效果较差。

疫苗剂量：疫苗用量少仅生成 IgM，而不生成 IgG，不能有效抵抗病原的侵袭；疫苗用量过大或次数过多，则抗体形成受到抑制，容易出现免疫耐受或毒性反应，因此，不宜随意增加或减少疫苗使用剂量和次数，但通常饮水免疫时剂量要加倍。

母源抗体的影响：如果雏鸡体内的母源抗体未下降到适当水平而过早接种，则疫苗（抗原）会被母源抗体中和，从而造成免疫失败。实践证明，鸭病毒性肝炎疫苗的使用就不必在 1 日龄进行。

免疫顺序：同一种疫苗的使用，一般应根据毒力先弱后强进行，如先用活疫苗再用灭活油乳剂疫苗，如传染性支气管炎疫苗先用 H_{120}，后用 H_{52}，新城疫疫苗先用新城疫 II 系或 IV 系，然后使用 I 系或油乳剂苗。

免疫程序不合理：如有的养殖户没有科学的免疫程序，随意性很大，甚至认为免疫次数越多越好。如在新城疫免疫时，有的养殖户怕预防效果不好，每隔 10 天就免疫一次，这样很容易造成免疫抑制，甚至会引发鸡群新城疫。马立克疫苗必须在雏鸡出生 24 小时内接种，以后再进行接种，几乎没什么效果。禽流感的有效免疫程序为：种鸭免疫 2 ~ 3 次/年，生长期长的家禽免疫 2 次，但生长期短的白鸭（40 日龄出栏的南方鸭种）的免疫就不同了，试验表明，7 日龄以前只免疫一次灭活疫苗（1 毫升/只），免疫效果很差，若 10 ~ 14 日龄免疫一次（1 毫升/只），出栏时免疫保护效果可达到 60%，而最好的免疫效果是在 7 日龄首免 0.5 毫升/只、14 日龄二免 1 毫升/只，则出栏时禽群抗体合格率达 80% 以上。

疫苗的稀释：病原为病毒的疫苗稀释剂可用纯水或生理盐水，病原是细菌的疫苗，一般应用铝胶溶液作稀释液；随疫（菌）苗提供的专用稀释液必须用来稀释该疫（菌）苗，而不能作他用；饮水免疫时水的用量过多过少效果都不好，应根据不同日龄鸡的饮水量计算。

4. 药物的使用

有些养殖户认为在病毒疫苗中加入抗生素，既可预防疫病，又可防细菌感染，然而抗生素会改变溶液的 pH 值（如青霉素溶液呈酸性，恩诺沙星溶液呈碱性）而大大影响疫苗的免疫效果，致使免疫效果差。地塞米松（激素类）会降低鸡新城疫的免疫效果，庆大霉素、金霉素等对免疫具有抑制作用；在接种病毒性疫苗时，免疫前后不应使用抗病毒药物；接种弱毒细菌苗时，免疫前后不应使用抗生素；球虫弱毒苗很难见效，主要原因是饲养中抗球虫药的使用。

5. 化学物质的影响

许多重金属如铅、铜、镉、汞等均可抑制免疫应答而导致免疫失败，所以在饮水免疫时，不应使用金属容器，不能用含氯的自来水稀释疫苗。某些化学物质卤化苯、卤素、农药、工业废水废气等可引起鸡免疫系统的破坏引起免疫失败，所以，在进行疫（菌）苗接种时，应注意带鸡消毒的药物以及消毒药的残留时间；山地养鸡还要注意如果树喷洒农药的时机和方法，如在晚上喷洒农药，早上鸡出笼前地面洒水；在排放有毒气体、有毒污水的工厂周围、下风向处、水源下游等，畜禽经常吸取有毒气体，或饮用有毒污水，会导致机体免疫机能失调，使免疫功能低下或丧失。

6. 其他因素的影响

严重的营养不良，会影响机体免疫系统的完整性，造成免疫功能低下；当机体处于异常状态如发病或虚弱时，机体免疫功能低下；环境条件变化剧烈，如发生运输、断喙、转群等不良应激时，会导致免疫应答能力减弱而造成免疫失败；发生免疫抑制性疾病的动物对疫苗免疫下降或不产生应答，造成免疫失败。机体接种疫苗后需要一定时间才能产生免疫力，这段时间一旦有野毒入侵或感染强毒，就会造成免疫失败。

八、家禽常用免疫程序

制定免疫程序，必须根据当地疫病流行的实际情况，结合各种疫苗的特性，合理地制定防疫的种类、预防接种的次数、间隔时间和接种途径。疫苗用量按疫苗说明书使用或遵医嘱；家禽常用免疫程序举例见表2-1至表2-6。

表2-1 蛋鸡综合免疫程序（供参考）

日龄	病名	疫（菌）苗	免疫方法	备注
1	马立克氏病	HTV	颈背部皮下注射	PFU（蚀斑数）≥4 000
7~14	新城疫	Ⅱ系、LaSota、克隆30	点眼滴鼻、气雾、饮水	或用新支二联苗（Ⅱ + H_{120}，L + H_{120}）
	传染性支气管炎	H_{120}		

（续表）

日龄	病名	疫（菌）苗	免疫方法	备注
14~21	传染性法氏囊炎、禽流感	NF_8、B_{87}、BJ_{836}中毒苗油乳剂	滴鼻点眼、滴口、皮下注射0.2毫升	
21~28	新城疫、禽痘	Ⅱ系、LaSota、克隆30鹌鹑化弱毒苗	点眼滴鼻、饮水、气雾刺种	油乳剂与Ⅱ系或Ⅳ系同时免疫
28~35	传染性法氏囊炎、鸡毒支原体	NF_8、B_{87}、BJ_{836}中毒苗、TS_{200}株活疫苗	滴鼻点眼、滴口点眼	
35~42	传染性喉气管炎传染性鼻炎	冻干弱毒疫苗、油乳剂灭活苗	点眼滴鼻、皮下注射	非疫区不用
42~50	传染性支气管炎禽流感	H_{52}株、油乳剂	滴鼻、饮水、肌内注射	或用新支二联苗
70~80	新城疫传染性喉气管炎	LaSota株或Ⅰ系冻干弱毒苗	喷雾或饮水（肌注）、滴鼻点眼	据抗体水平、非疫区不用
90	禽霍乱	$C_{190}E_{40}$弱毒苗	肌内注射	
110	传染性鼻炎、鸡毒支原体	油乳剂灭活苗、TS_{200}株弱毒苗	皮下注射、点眼	
120~140	新城疫传染性支气管炎产蛋下降综合征法氏囊炎禽流感	油乳剂油乳剂油乳剂油乳剂油乳剂	肌内注射肌内注射肌内注射肌内注射肌内注射	可用单苗，也可用二联或三联苗免疫商品鸡不用法氏囊炎苗
300	新城疫禽流感	LaSota、油乳剂	喷雾或饮水、肌内注射	根据抗体水平使用

注：上述免疫之外，可根据当地实际情况增减使用疫苗。但要注意疫苗之间的干扰现象

表2－2　肉鸡免疫程序（供参考）

日龄	病名	疫（菌）苗	免疫方法	备注
1	马立克氏病	HVT	颈背部皮下注射	PFU（蚀斑数）≥4 000
7~10	新城疫传染性支气管炎	LaSota 株 H_{120} 株	滴鼻点眼、饮水、气雾滴鼻、饮水	或油乳剂与 I 系或 II 系同时免疫或用新支二联苗
10~14	传染性法氏囊炎禽流感—新城疫	NF_8、B_{87}、BJ_{836} 二联灭活苗	滴口、滴鼻点眼肌内注射	
17~21	新城疫传染性支气管炎	LaSota 株 H_{120} 株	滴鼻点眼、饮水	
24~28	传染性法氏囊炎	NF_8、B_{87}、BJ_{836}	滴口、滴鼻点眼	
30	鸡痘	禽痘弱毒苗	刺种	按季节适时应用

　　注：若某场鸡群慢性呼吸道病严重时，可与第15日龄用鸡毒支原体活苗点眼一次。有病毒性关节炎者可加用该种疫苗

表2－3　肉种鸡免疫程序（供参考）

日龄	病名	疫（菌）苗	免疫方法	备注
1	马立克氏病	CRI_{988}	颈部皮下注射	出壳 24 小时内
3	新城疫、传染性支气管炎	IV 系 + H_{120} 冻干苗	滴鼻点眼	
5~7	病毒性关节炎	冻干苗	皮下或肌内注射	
9~10	新城疫传染性支气管炎	IV 系 + H_{120} 二联冻干苗 新支二联油苗	滴鼻点眼 皮下注射	
15~18	鸡传染性法氏囊炎	CH/80 株冻干苗	滴口、饮水	
25	禽痘	禽痘冻干苗	刺种	
30~35	传染性喉气管炎禽流感	冻干苗 油乳剂	滴眼或涂肛 肌内注射	
40~45	新城疫、支气管炎	新支二联冻干苗	滴鼻点眼	

（续表）

日龄	病名	疫（菌）苗	免疫方法	备注
75～85	禽脑脊髓炎	冻干苗	饮水或刺种	
80～90 100～110	传染性喉气管炎 新城疫、传染性法氏囊炎	冻干苗 二联油苗	滴鼻点眼或涂肛 肌内注射	
130	禽流感	油乳剂灭活苗	皮下或肌内注射	
140～160	新城疫、传染性支气管炎、产蛋下降综合征、鸡痘、病毒性关节炎	新一支二联弱毒苗 新一支一减油苗 鸡痘弱毒苗 病毒性关节炎油乳苗	滴鼻点眼 肌内注射 刺种 肌内注射	
200～220	新城疫、禽流感	鸡新城疫—禽流感二联油苗	肌内注射	

表2-4 蛋鸭综合免疫程序（供参考）

日龄	病名	疫苗名称	免疫方法
1～2	鸭病毒性肝炎	鸭病毒性肝炎活疫苗	颈部皮下注射
6	鸭传染性浆膜炎	鸭传染性浆膜炎灭活疫苗	肌内注射
15	鸭瘟	鸭瘟活疫苗	肌内注射
21	禽流感	鸭疫禽流感灭活苗	肌内注射
45	鸭大肠杆菌	鸭大肠杆菌病灭活苗	肌内注射
70	禽霍乱	禽霍乱灭活苗	肌内注射
120	鸭瘟	鸭瘟活疫苗	肌内注射
130	禽流感	鸭疫禽流感灭活苗	肌内注射

注：种鸭免疫程序在开产前加防1次鸭病毒性肝炎活疫苗

表2-5 肉鸭综合免疫程序（供参考）

日龄	病名	疫苗名称	免疫方法
1~3	鸭病毒性肝炎	鸭病毒性肝炎活疫苗	滴口
6	鸭传染性浆膜炎、鸭大肠杆菌病	鸭传染性浆膜炎—鸭大肠杆菌病二联灭活苗	皮下注射
15	鸭瘟	鸭瘟活疫苗	肌内注射

表2-6 鹅综合免疫程序（供参考）

日龄	病名	疫苗名称	免疫方法	备注
1	小鹅瘟	抗小鹅瘟病毒抗体（血清、卵黄）	皮下注射或胸肌注射	
7		小鹅瘟弱毒活疫苗	皮下注射或胸肌注射	约7日龄以后产生抗体
14	鹅副黏病毒病	鹅副黏病毒病灭活苗	胸肌注射	
30	禽霍乱	禽霍乱灭活苗	胸肌注射	对非疫区可以推迟到60日龄注射
90	鹅副黏病毒病	鹅副黏病毒病灭活苗	胸肌注射	
160（或开产前4周）	小鹅瘟	小鹅瘟弱毒活疫苗	肌内注射	
170（或开产前3周）	鹅副黏病毒病	鹅副黏病毒病灭活苗	胸肌注射	
180（或开产前2周）	鹅蛋子瘟	鹅蛋子瘟灭活苗	胸肌注射	
190（或开产前1周）	禽霍乱	禽霍乱蜂胶灭活苗	胸肌注射	
280（或开产后90天）	小鹅瘟	种鹅用小鹅瘟疫苗	肌内注射	
290（或开产后100天）	鹅副黏病毒病	鹅副黏病毒病灭活苗	胸肌注射	
300（或开产后110天）	鹅蛋子瘟	鹅蛋子瘟灭活苗	胸肌注射	
310（或开产后120天）	禽霍乱	禽霍乱灭活苗	胸肌注射	

第三章　禽病临床诊断技术
及病料选送

家禽疫病常用的诊断方法包括：发病情况调查、临床检查、病理剖检、实验室诊断技术等。

一、询问病情

向熟悉情况的饲养员详细询问病史、饲养管理和治疗情况，查阅有关饲养管理和疾病防治的记录，怀疑是传染病的要进一步做好流行病学调查；怀疑是营养缺乏症的要调查饲料及饲养情况；怀疑是中毒性疾病的要对所用药物进行调查；调查内容如下。

1. 发病情况

发病时间：询问家禽何时得病、病了几天，如果发病突然，病程短急，可能是急性传染病或中毒性疾病；如果发病时间较长则可能是慢性疾病。

发病数量：病禽数量少或零星发病，则可能是慢性病或普通病；病禽数量多或同时发病，有可能患传染病或中毒性疾病。

发病日龄：禽群发病日龄不同，发生的疾病可能不同。

各种年龄的家禽同时或相继发生同一疾病，且发病率和死亡率都较高，可能是新城疫、禽流感、鸭瘟及中毒病等。

1月龄内雏禽大批发病死亡，可能是沙门氏菌、大肠杆菌病、法氏囊炎、肾性传染性支气管炎等，如果伴有严重呼吸道症状可能是传染性支气管炎、慢性呼吸道病、新城疫、禽流感等。

雏鸭大批发病，多为鸭病毒性肝炎、沙门氏菌感染；成年鸭大批发病多为鸭瘟、流感、禽霍乱或鸭传染性浆膜炎等。

雏鹅大批发病，多为小鹅瘟、球虫病、副黏病毒感染；成鹅大批发病，多为大肠杆菌引起的卵黄性腹膜炎、流感或霍乱等。

生产性能：对肉禽了解其生长速度、增重情况及均匀度；对产蛋鸡应观察产蛋率、蛋重、蛋壳质量、蛋颜色等。

用药情况：用抗生素类药物治疗后症状减轻或迅速停止死亡，可能是细菌性疾病；用抗生素类药物治疗后无作用，可能是病毒性疾病或中毒性疾病。

流行病学调查：怀疑是传染病除一般调查外，还要进行流行病学调查，内容包括现有症状调查、既往病史和疫情调查、平时防疫措施落实情况等。

2. 饲料及饲养管理情况

了解病禽发病前后采食、饮水情况，禽舍内通风及卫生状况等是否良好，对可疑营养缺乏的禽群要对饲料进行检查，重点检查饲料中能量、粗蛋白等情况，必要时对各种维生素、微量元素和氨基酸进行成分分析。

3. 中毒情况调查

若饲喂后短时间内大批发病，个体大的禽只发病早、死亡多；个体小的禽只发病晚、死亡少，怀疑为中毒性疾病。中毒性疾病要对禽群用药进行调查，了解用何种药物、用量、药物使用时间和方法，饲料是否发霉，是否有投毒可能，禽舍是否有煤气等。

二、病史和本地区疫情调查

1. 了解既往病史

询问禽群发生过什么重大疫情，有无类似疾病发生其经过及结果如何等，分析本次发病和过去发病的关系，如过去发生大肠杆菌、新城疫，若禽舍未进行彻底消毒，家禽也未进行预防注射，可考虑旧病复发。

2. 本地区家禽养殖场的疫情

调查附近禽场（养殖户）是否有与本场相似的疫情，若有可考虑空气传播性传染病，如新城疫、禽流感、鸡传染性支气管炎等；若禽场饲养有两种以上禽类，单一禽种发病，则提示为该禽特有的传染病，若所有家禽都发病，则提示为家禽共患的传染病，如霍乱、流感等。

3. 引种情况

许多疾病是引进种禽（蛋）传递的，如鸡白痢、霉形体病、禽脑脊髓炎等。引种情况调查可为本地区疫病的诊断提供线索，若新进带菌、带病毒的种禽与本地禽群混和饲养，常引起新的传染病暴发。

4. 防疫措施落实情况

了解禽群发病前后采用何种免疫方法、使用何种疫苗。

通过询问和调查，可获得许多对诊断有帮助的第一手材料，有利于作出正确诊断。

三、临床检查

1. 群体检查

在禽舍内一角或外侧直接观察，也可进入禽舍对整群进行检查，禽类相对敏感，应慢慢进入禽舍，防止惊扰禽群，主要观察禽群精神状态、运动状态、采食、饮水、粪便、呼吸以及生产性能等。

（1）精神状态检查　健康家禽对外界刺激反应敏感，听觉敏锐，两眼圆睁有神，一有刺激家禽头部高抬，来回走动观察周围动静，严重刺激会引起惊群、压堆、乱飞、乱跑、发出鸣叫。

病禽会出现精神兴奋，精神沉郁和嗜睡。

精神兴奋：家禽对外界轻微的刺激或没有刺激表现强烈的反

应，引起惊群、乱飞、鸣叫，临床上多与药物中毒、维生素缺乏等有关。

精神沉郁：禽群对外界刺激反应轻微，甚至没有反应，表现禽只离群呆立、头颈卷缩、两眼半闭、行动呆滞等，临床上许多疾病均会引起精神沉郁，如雏鸡沙门氏菌感染、禽霍乱、鸡传染性法氏囊炎、鸡新城疫、禽流感、禽球虫病等。

嗜睡：重度的萎靡、闭眼似睡、站立不动或卧地不起，给强烈刺激才引起轻微反应甚至无反应，见于许多疾病后期，往往愈后不良。

（2）运动状态检查　健康家禽行动敏捷，休息时往往两肢弯曲卧地，起卧自如，遇到刺激马上站立活动。

病禽的异常运动常有下述表现。

跛行：临床表现为腿软、瘫痪、喜卧地，运动时明显跛行，临床多见钙磷比例不当、维生素 D_3 缺乏、痛风、病毒性关节炎、滑液囊霉形体（由滑液囊支原体引起的传染病）、中毒；小鸡跛行多见于新城疫、脑脊髓炎、亚硒酸钠和维生素 E 缺乏；肉仔鸡跛行多见于大肠杆菌、葡萄球菌、绿脓杆菌感染；刚接回雏鸡出现瘫痪多见于小鸡腿部受寒或禽脑脊髓炎等。

劈叉：青年鸡一条腿向前伸，另一条腿向后伸，形成劈叉姿势或两翅下垂，多见神经型马立克；小鸡出现劈叉多为肉仔鸡腿病（附录五，图 4 - 3 - 1）。

观星状：鸡的头部向后极度弯曲形成所谓的"观星状"姿势，兴奋时更为明显，多见于维生素 B_1 缺乏。

扭头：病鸡头部扭曲，受惊吓后表现更为明显，多见新城疫后遗症（附录五，图 4 - 1 - 1）。

偏瘫：小鸡偏瘫在一侧，两腿后伸，头部出现振颤，多见于禽脑脊髓炎。

企鹅状姿势：病禽腹部较大，运动时像企鹅样左右大幅度摇摆，多见肉鸡腹水综合征；蛋鸡多见于早期传染性支气管炎或衣原体感染导致输卵管永久性损伤而引起的"大裆鸡"（附录五，图4-4-2），或大肠杆菌引起的严重输卵管炎（输卵管内集有大量干酪物）。

肘部外翻：家禽运动时肘部外翻，关节变短、变粗，临床多见于锰缺乏。

趾曲内侧：两肢趾弯曲、卷缩、趾曲于内侧，以肢关节着地，并展翅维持平衡，多见维生素 B_2 缺乏。

两腿后伸：产蛋鸡早晨起来两腿向后伸直，出现瘫痪，不能直立，个别鸡舍外运动后恢复，多见笼养鸡产蛋疲劳症。

蹼尖点地：水禽运动时蹼尖着地，头部高昂，尾部下压，多见于葡萄球菌感染。

角弓反张：小鸭若出现全身抽搐，向一侧仰脖，头弯向背部，两腿阵发性向后踢蹬，有时在地上旋转，多为鸭病毒性肝炎。

犬坐姿势：呼吸困难，头部高抬，张口呼吸，跗部着地。小鸡多见于曲霉菌感染、肺型白痢，成鸡多见于传染性喉气管炎、白喉型鸡痘等。

强迫采食：头颈部不自主的盲目点地呈采食状，临床多见于强毒新城疫、球虫病、坏死性肠炎等。

颈部麻痹：头颈向前伸直，平铺于地面，不能抬起，又称软颈病，同时出现腿翅麻痹，多见于鸭肉毒素中毒病。

转圈运动：雏鹅在暴饮后30分钟左右出现两腿翅无力，行走步态不稳，两腿急步呈直线前进或后退，或转圈运动，多为雏鹅水中毒病。

（3）采食状态检查　健康家禽采食量相对较大，特别是笼养产蛋鸡加料后1~2小时可将食物吃完，根据每天饲料记录可准确掌握采食量增减情况，也可观察鸡的嗉囊大小，料槽内剩余料的多少和鸡的采食状态等，禽舍温度升高，采食量减少，禽舍温度降低，采食量上升。

采食量减少：上料后采食不积极，吃几口后退缩到一侧，料槽余量过多。临床上许多疾病均导致采食量下降，如沙门氏菌病、禽霍乱、大肠杆菌病、败血型支原体病、新城疫、禽流感等。

采食量废绝：多见于禽病后期，往往愈后不良。

采食量增加：多见于食盐过量，饲料能量偏低，或在疾病恢复过程中采食量会出现不断增加，反映疾病好转。

（4）粪便观察

①正常粪便。正常情况下鸡粪便像海螺一样，下面大上面小呈螺旋状，上面有一点白色的尿酸盐颜色，多表现棕褐色；家禽有发达的盲肠，早晨排出稀软糊状的棕色粪便；刚出壳小鸡尚未采食，排出胎便为白色或深绿色稀薄的液体。

室温增高，家禽粪便相对比较稀，特别是夏季会引起水样腹泻；温度偏低，粪便变稠。

饲料中加入杂饼粕（如菜籽粕）、抗生素药渣会使粪便发黑；加入腐殖酸钠也会使粪便发黑；加入白玉米和小麦会使粪便颜色变浅。

②异常粪便。除上述影响粪便的因素以外，粪便异常多为病理状态，临床多见粪便颜色、性质变化及粪便异物等。

粪便发白：粪便稀而发白如石灰水样（附录五，图4-2-2），泄殖腔下羽毛被尿酸盐污染呈石灰水渣样，临床多见痛风、雏鸡白痢、钙磷比例不当、维生素D缺乏，法氏囊炎、肾型传染性支气管炎等。

粪便发绿，临床多见新城疫、小鹅瘟、鸭病毒性肝炎、禽伤寒和慢性消耗性疾病（马立克、淋巴白血病、大肠杆菌引起输卵管内有大量干酪物）；禽舍通风不好，空气中氨气含量过高，粪便亦呈绿色。

粪便发黑发暗呈煤焦油状，临床多见小肠球虫、肌胃糜烂、出血性肠炎等。

粪便黄绿色带黏液，临床多见坏死性肠炎、禽流感等。

浅色便，临床多见肝脏疾病，如盲肠肝炎、包涵体肝炎等。

西瓜瓤样粪便：粪便带有黏液，红色似番茄酱色，多见小肠球虫、出血性肠炎或肠毒综合征。

鲜血便：粪便呈鲜红色血液流出，多见盲肠球虫、啄伤。

血丝便：粪便上带有鲜红色血丝，多见家禽前殖吸虫或啄伤。

水样便，临床多见食盐中毒、卡他性肠炎。

粪便中有大量未消化的饲料，粪酸臭，多见消化不良，肠毒综合征。

粪便中带有大量脱落上皮组织和黏液，粪便腥臭，多见坏死性肠炎、流感、热应激等。

粪便中带有蛋清样分泌物，小鸡多见法氏囊炎；成鸡多见输卵管炎、禽流感等。

粪便中有黄色纤维素性干酪结块物，多见大肠杆菌感染而引起的输卵管炎。

小鸡粪便中带有大量泡沫，临床多见小鸡受寒、葡萄糖过量或饲喂时间过长引起。

粪便中带有纤维样、脱落肠段样假膜，临床多见堆式球虫、坏死性肠炎、鸭瘟等。

粪便中有白色米粒大小结节，临床多见绦虫病。

粪便中带有大线虫，临床多见线虫病。

（5）呼吸系统检查　临床上家禽呼吸系统疾病占 70% 左右，许多传染病均引起呼吸道症状。

呼吸系统检查主要通过视诊、听诊来完成，视诊主要观察呼吸频率、呼吸次数、是否甩血样黏条物等。听诊主要听群体中呼吸道是否有杂音，在听诊时最好在夜间熄灯后半个小时，鸡休息后慢慢进入鸡舍进行听诊。

①正常呼吸。正常情况下呼吸次数，鸡每分钟 22～30 次，

鸭每分钟 15 ~ 18 次、鹅每分钟 9 ~ 10 次，鸡的呼吸次数主要是通过观察泄殖腔下侧腹部及肛门的收缩和外突次数来计算。

②异常呼吸。张口伸颈呼吸（附录五，图 4 - 5 - 1）：表现家禽呼吸困难，多由呼吸道狭窄引起，临床多见传染性喉气管炎后期、白喉型鸡痘、支气管炎后期，小鸡多见肺型白痢或曲霉菌感染。热应激时禽类也会出现张嘴呼吸应注意区别。

甩血样黏条物：在走道、笼具、食槽等处发现有带黏液血条，多见喉气管炎。

甩鼻音：临床多见传染性鼻炎、支原体等。

呼噜音：当禽只呼吸道内有分泌物、渗出物时会出现呼噜音，多见败血型支原体病、传染性支气管炎、传染性喉气管炎、新城疫、禽流感、曲霉菌病等。

怪叫音：当家禽喉头部气管内有异物时会发出"咯咯"的怪音，临床多见传染性喉气管炎、白喉型鸡痘等。

（6）生长发育及生产性能检查

肉仔鸡、育成鸡：若禽群生长速度正常，发育良好，整齐度好，突然发病，临床多见于急性传染病或中毒性疾病；若禽群发育差，生长慢，整齐度差，临床多见于慢性消耗性疾病、营养缺乏症或因抵抗力差而继发感染其他疾病。

蛋鸡和种鸡：①产蛋率下降，多见于产蛋下降综合征、禽脑脊髓炎、新城疫、禽流感、传染性支气管炎、传染性喉气管炎、大肠杆菌病、沙门氏菌病等。②软壳蛋、薄壳蛋、在粪道内有大量蛋清和蛋黄，临床多见钙磷缺乏或比例不当、维生素 D 缺乏、禽流感、传染性支气管炎、传染性喉气管炎、输卵管炎等。③褐壳蛋鸡若出现白壳蛋增多，临床多见钙磷比例不当、维生素 D 缺乏、禽流感、传染性支气管炎、传染性喉气管炎、禽脑脊髓炎等。④小蛋增多：多见输卵管炎、禽流感等。⑤蛋清稀薄如水，多见传染性支气管炎、传染性喉气管炎、禽脑脊髓炎、产蛋下降综合征、输卵管炎等。

2. 个体检查

群体检查挑选出具特征病变的病禽做个体检查，检查内容包括对体温、冠部、脸眼部、鼻腔、口腔、皮肤及羽毛、颈部、胸部、腹部、腿部、泄殖腔等进行详细的检查。

（1）体温检查　体温变化是家禽发病的标志之一，可通过用手触摸鸡体或用体温计来检查。

正常体温：鸡 41.5℃ （40 ~ 42℃）、鸭 41 ~ 43℃、鹅 40 ~ 41℃。

体温升高：热源性刺激物作用时，体温中枢神经机能紊乱，产热散热平衡受到破坏，产热增多，散热减少而使体温升高，并出现全身症状称发热。临床上引起发热性疾病很多，如禽霍乱、沙门氏菌、新城疫、禽流感、热应激等。

体温下降：鸡体散热过多而产热不足，导致体温下降，病理状态下体温下降多见于营养不良、营养缺乏、中毒性疾病和濒死期禽只。

（2）冠和肉髯检查　健康鸡鸡冠直立，颜色鲜红、肥润、组织柔软光滑，肉髯左右大小对称、鲜红。病禽冠和肉髯常见下述异常情况。

肿胀：临床多见于禽霍乱、禽流感、严重大肠杆菌病和颈部皮下注射疫苗引起。

苍白（附录五，图 4 - 8 - 1）：多见于淋巴白血病、白冠病、小鸡球虫病、弧菌肝炎、啄伤等。

萎缩：颜色发黄，冠和肉髯无光泽，临床多见于消耗性疾病，如马立克、淋巴白血病、因大肠杆菌感染引起的输卵管炎或其他疾病引起的卵泡萎缩等。

发绀：呈暗红色，多见于新城疫、禽霍乱、呼吸系统疾病等。

发蓝紫色：临床多见 H5N1 亚型禽流感（附录五，图 4 - 6 - 2）。冠及肉髯呈蓝色时也可考虑鸡患硫胺素缺乏症，火鸡肉髯变蓝可考虑传染性肠炎。

发黑：临床多见盲肠球虫病（又称黑头病）。

有痘斑：临床多见禽痘（附录五，图 4 – 9 – 1）。

有小米粒大小梭状出血和坏死：多见于鸡住白细胞原虫病。

有皮屑无光泽：多见缺锌症、维生素 A 缺乏症、真菌感染和外寄生虫病。患弧菌性肝炎时，病鸡鸡冠呈鳞状皱缩。

鸡冠、肉髯及皮肤呈樱桃红时，可考虑为一氧化碳中毒。

初开产鸡鸡冠突然萎缩，可考虑淋巴白血病。

（3）鼻腔检查　做鼻腔检查时，检查者用左手固定家禽的头部，先看两鼻腔周围是否清洁，然后用右手拇指和食指稍用力挤压两鼻孔，观察鼻孔有无鼻液或异物。

健康家禽鼻孔无鼻液，病禽鼻腔常见下述异常情况。

透明无色的浆液性鼻液，多见于卡他性鼻炎。

黄绿色或黄色半黏液状鼻液，黏稠，灰黄色、暗褐色或混有血液的鼻液，混有坏死组织、伴有恶臭鼻液多见于传染性鼻炎。

鼻液量较多常见于鸡传染性鼻炎、禽霍乱、禽流感、鸡败血型霉形体病、鸭瘟等；鸡新城疫、传染性支气管炎、传染性喉气管炎、鸭衣原体病等过程中，亦有少量鼻液。

维生素 A 缺乏时，可挤出炼乳样或豆腐渣样物。

鸡感染败血霉形体时，可挤出黄色干酪样渗出物。

鼻腔内有痘斑多见禽痘，值得注意的是，凡伴有鼻液的呼吸道疾病一般可发生不同程度的眶下痘炎，表现眶下痘肿胀（附录五，图 5 – 4 – 2）。

（4）眼部检查　做眼部检查时注意观察角膜颜色、有无出血和水肿、角膜完整性和透明度、瞳孔情况和眼内分泌物情况。

健康家禽两眼有精神，特别是鸡两眼圆睁，瞳孔对光线刺激敏感，结膜潮红，角膜白色。病禽眼部常见下述异常情况。

眼半睁半闭，眼部变成条状，多见传染性喉气管炎，环境中氨气、甲醛浓度过高。

眼部流泪，严重时眼下羽毛被污染，多见传染性眼炎、传染性鼻炎、传染性喉气管炎、鸡痘、支原体感染以及禽舍氨气、甲醛浓度过高。

眼部肿胀，严重时上下眼睑结合在一起，内积大量黄色豆腐渣样干酪物。多见传染性眼炎、支原体病、黏膜型鸡痘、维生素 A 缺乏症，肉仔鸡大肠杆菌病、葡萄球菌病、绿脓杆菌感染等。

眼角膜充血、水肿、出血，临床多见结膜炎、眼型鸡痘、禽曲霉菌病、禽大肠杆菌病、支原体病等；当禽舍空气中粉尘超标也可以引起该症状，应注意区别。

角膜发红，临床多见副大肠杆菌病。

角膜浑浊，严重形成白斑和溃疡，临床多见维生素 A 缺乏症、鸡毒支原体病、传染性眼炎、黏膜型鸡痘、肉仔鸡大肠杆菌病等。

瞳孔呈锯齿状，不整齐，临床多见眼型马立克氏病（附录五，图 4 - 3 - 2）。

结膜形成痘斑，临床多见黏膜型鸡痘。

（5）脸部检查　健康家禽脸部红润，有光泽，特别是产蛋鸡更明显；病禽脸部常见下述异常情况。

脸部肿胀，手触诊脸部发热，有波动感，临床多见禽霍乱、传染性喉气管炎；手触诊无波动感多见于支原体病、禽流感、大肠杆菌病；若两个眶下窦肿胀多见窦炎、支原体病等。

脸部有大量皮屑，多见维生素 A 缺乏、营养不良和慢性消耗性疾病。

（6）口腔检查　做口腔检查时，用左手固定头部，右手大拇指向下扳开下喙，并按压舌头，左手中指从下颚间隙后方将喉头向上轻压，然后观察口腔，注意上颚裂、舌、口腔黏膜及食道喉头、气管等变化。

健康家禽口腔湿润有少量液体，有温热感。病禽口腔常见下述异常情况。

口腔黏膜上形成一层白色假膜，多见念珠球菌感染。

口腔及食道乳头变大，融合形成溃疡，多见维生素 A 缺乏症。

上颚腭裂处形成干酪物，多见支原体病、黏膜型鸡痘。

口腔有大量绿色酸臭液体（附录五，图 4 - 1 - 2），多见新城疫、嗉囊炎和返流性胃炎。

口腔有大量黏液，多见禽流感、大肠杆菌、禽霍乱等。

口腔有泡沫液体，多见呼吸系统疾病。

口腔有血样黏条，多见传染性喉气管炎。

口腔有稀薄血液，多见鸡住白细胞原虫病、肺出血、弧菌肝炎等。

喉头水肿出血，多见传染性喉气管炎、新城疫、禽流感等。

喉头被黄色干酪样物栓子阻塞，多见传染性喉气管炎后期。

喉头、气管上形成痘斑，多见黏膜型鸡痘。

气管内有黄色块状或凝乳状干酪物，多见支原体、传染性支气管炎、新城疫、禽流感等。

舌尖发黑，多见口服色素药物引起或循环障碍性疾病，舌根部出现坏死，反复出现吞咽动作，临床多见家禽食长草或绳头缠绕，使舌部出现坏死。

鸭上喙变短变形，临床多见鸭光过敏和药物过敏。

（7）嗉囊检查　嗉囊位于食管颈段和胸段交界处，在锁骨前端形成一个膨大盲囊，成球形，弹性很强，鸡、火鸡的嗉囊比较发达，常用视诊和触诊的方法检查嗉囊。

病禽嗉囊常见下述异常情况。

软嗉：其特征是体积膨大，触诊发软、有波动，将禽的头部倒垂按压嗉囊，口腔流出酸败味液体，临床常见某些传染病、中毒病；火鸡患新城疫时，嗉囊内有大量黏稠液体。

硬嗉：当禽只缺乏运动、饮水不足，或喂单一干料，常发生硬嗉，按压时呈面团状。

垂嗉：嗉囊逐渐增大，总不空虚，内容物发酵有酸味，临床多因饲喂大量粗饲料而引起。

嗉囊破溃：临床多见于误食石灰或火碱引起。

嗉囊壁增厚多见念球菌感染。

（8）皮肤及羽毛检查　成年健康家禽羽毛整齐光滑、发亮、排列匀称，刚出壳雏禽有纤细绒毛，皮肤因品种、颜色不同而有差异。病禽皮肤常见下述异常情况。

皮肤上形成肿瘤，临床多见皮肤型马立克。

皮肤上形成溃疡，毛易脱，皮下出血，临床多见葡萄球菌感染（附录五，图5－5－3）。

皮下有白色胶样渗出物，临床多见维生素E亚硒酸钠缺乏。

皮下有绿色胶样渗出物，临床多见绿脓杆菌感染。

脐部愈合差，发黑，腹部较硬，临床多见沙门氏菌、大肠杆菌、葡萄球菌、绿脓杆菌感染引起的脐炎（附录五，图5－2－3）。

羽毛无光泽，易脱落，临床多见维生素A缺乏、营养不良、慢性消耗病或外寄生虫病。

皮下出现脓肿，严重破溃、流脓，临床上多见外伤或注射疫苗感染引起。

皮下形成气肿，严重时病禽像气球吹过一样，临床多见外伤引起气囊破裂气体进入皮下。

（9）胸部检查　临床检查中注意胸骨平直情况、两侧肌肉发育情况以及是否出现囊肿等。健康家禽胸部肌肉附着良好，因经济用途不一样，肌肉有差异。肉鸡胸肌发达，蛋禽胸部肌肉适中，肋骨隆起。病禽胸部常见下述异常情况。

胸骨弯曲，肋软骨凹陷，临床多见钙磷比例不当、维生素D缺乏、氟中毒等。

胸部有囊肿，多见肉种鸡、仔鸡运动不足或垫料过硬引起。

胸肌发育差，胸骨呈刀脊状，多见一些慢性消耗性疾病，如马立克、淋巴白血病、大肠杆菌引起的腹膜炎、输卵管炎。

（10）腹部检查　主要观察腹部的大小，弹性、波动感等。健康家禽腹部大小适中，相对比较丰满，特别是产蛋鸡、肉鸡用手触诊温暖柔软而有弹性，在腹部两侧后下方可触及肝脏后缘；腹部下方可触及较硬的肌胃（产蛋鸡的肌胃，注意与鸡蛋相区别）。对鸭鹅需要两手触摸，可感到肌胃在手掌内滚动，按压有韧性。病禽腹部常见下述异常情况。

腹部容积变小，多见家禽采食量下降和产蛋鸡停产。

肉鸡腹部容积增大，触诊有波动感，临床多见腹水综合征；蛋鸡腹部较大，走路像企鹅状，多见家禽早期感染传染性支气管炎、衣原体引起的输卵管不可逆病变，大量蛋黄或液体在输卵管或腹腔内聚集；雏禽腹部较大，用手触摸较硬，临床多见大肠杆菌、沙门氏菌或早期温度过低引起卵黄吸收差所致。

腹部变硬感觉很厚，临床多见鸡过肥、腹部脂肪过多；肉鸡触诊腹部较硬且瘦弱，多见大肠杆菌感染；产蛋鸡瘦弱胸骨呈刀背状，腹部较硬且大，多见大肠杆菌或沙门氏菌感染而引起输卵管内积有大量干酪物所致。

腹部感觉有软硬不均的小块状物体，腹部增温，触诊有痛感，腹腔穿刺有黄色或灰色带有腥臭味混浊的液体，多提示卵黄性腹膜炎。

肝脏肿胀至耻骨前沿，临床多见于淋巴白血病。

（11）泄殖腔检查　做泄殖腔检查时，检查者用手抓住鸡的两腿把鸡倒悬起来，使肛门朝上，用右手拇指和食指翻开肛门，观察肛道黏膜的色泽、完整性、紧张度、湿度和有无异物等。健康家禽泄殖腔周围羽毛清洁，高产蛋鸡肛门呈椭圆形、湿润、松弛。病禽泄殖腔常见下述异常情况。

肛门周围发红肿胀，形成黄白色、有韧性干酪样假膜，将假膜剥离后，留下粗糙的出血面，临床常见慢性泄殖腔炎或鸭瘟。

肛门肿胀，周围覆盖大量灰白色黏液状分泌物，其中有少量的石灰质，常见母鸡前殖吸虫病、大肠杆菌病等。

脱肛：肛门明显突出，甚至肛门外翻且充血、肿胀、发红或发紫，是高产母鸡或难产母鸡不断努责而引起的脱肛症。

泄殖腔黏膜出血、坏死，常见于外伤、鸡新城疫及鸭瘟。

四、病理剖检

1. 肌肉组织

剖检时应注意观察肌肉颜色、弹性是否脱水等异常情况。健康家禽肌肉丰满，颜色红润，水禽肌肉颜色较重，呈深红色，表面有光泽。病禽肌肉常见下述异常情况。

肌肉脱水、无光泽、弹性差，重者为"搓板状"，临床多见肾脏疾病引起的盐类代谢紊乱而导致的脱水或严重腹泻等。

肌肉水煮样：肌肉颜色发白，表面有水分渗出，肌肉变性，弹性差，像热水煮过一样，临床多见热应激和坏死性肠炎。

肌肉纤维间小米粒大小梭状坏死和出血，临床多见住白细胞原虫病。

肌肉刷状出血：临床多见法氏囊炎、磺胺类药物中毒。

肌肉上有白色尿酸盐沉积：临床多见痛风、肾型传染性支气管炎。

肌肉有黄色纤维素渗出物，腿肌、腹肌变性，临床多见严重大肠杆菌病。

肌肉贫血、苍白，临床多见严重出血、贫血或喙伤。

肌肉形成肿瘤，临床多见马立克氏病。

肌肉溃烂、脓肿，临床多见外伤或注射疫苗引起感染。

2. 肝脏

剖检时，应注意肝脏颜色变化，是否肿胀、出血、坏死，是否有肿瘤及被膜情况。健康鸡肝脏颜色深红色，两侧对称，边缘较锐，右侧肝脏腹面有大小适中的胆囊；刚出壳的小鸡，肝脏呈黄色，采食后，颜色逐渐加深；水禽左右肝脏不对称。病禽肝脏常见下述异常情况。

肝脏肿大、淤血，肝脏被膜下有针尖大小的坏死灶，临床多见禽霍乱。肝脏肿大，被膜下有大小不一的坏死灶，临床多见鸡白痢等。肝脏肿大，呈铜锈色，有大小不一的坏死灶，临床多见禽伤寒。肝脏肿大，出血和坏死相间，切面呈琥珀色，多见包涵体肝炎。肝脏肿大至耻骨前沿，多见淋巴白血病。

肝脏土黄色，临床多见小鸡法氏囊炎，青年鸡磺胺类药物中毒，产蛋鸡脂肪肝和弧菌肝炎。

肝脏上有榆钱样坏死，边缘有出血，临床多见盲肠肝炎。

肝脏有星状坏死，临床多见弧菌肝炎。

肝脏有黄豆粒大小的肿瘤，临床多见马立克氏病、淋巴白血病。

肝脏萎缩、硬化，临床多见肉鸡腹水综合征后期。

肝脏被膜上有黄色纤维素渗出物，临床多见鸡大肠杆菌病、鸭传染性浆膜炎。

肝脏被膜上有白色尿酸盐沉积，临床多见痛风和肾型传染性支气管炎。

肝脏被膜上有一层白色胶样渗出物，临床多见衣原体感染。

3. 气囊

气囊是禽类特有的呼吸器官，是极薄的膜性囊，气囊共9个，即单个的锁骨间气囊和成对的颈气囊、前胸气囊、后胸气囊和腹气囊，气囊与支气管相通，作为空气的贮存器，有加强气体交换的功能。观察气囊时注意气囊壁厚薄，有无节结，干酪物、霉菌菌斑等。

病禽气囊常见下述异常情况。

气囊壁增厚，临床多见大肠杆菌、支原体、霉菌感染。

气囊上有黄色干酪物，临床多见支原体、大肠杆菌感染。

气囊上有小泡沫，在腹气囊形成许多泡沫，临床多见支原体感染。

气囊上有霉菌斑，临床多见禽曲霉菌病。

气囊上有黄白色车轮状硬干酪物，临床多见禽曲霉菌病（附录五，图5-8-2）。

气囊上有小米粒大小结节（附录五，图5-8-4），临床多见小鸡曲霉菌感染或鸡住白细胞原虫病。

4. 泌尿系统

家禽肾脏位于家禽腰背部，分左右两侧，每侧肾脏由前、中、后三叶组成，呈隆起状，颜色深红，两侧有输尿管，无膀胱和尿道，尿在肾中形成后沿输尿管输入泄殖腔与粪便混合一起排出体外。临床检查应观察肾脏有无肿瘤、出血、肿胀及尿酸盐沉积等。病禽肾脏常见下述异常情况。

肾脏实质性肿大，临床多见肾型传染性支气管炎、沙门氏菌感染及药物中毒。

肾脏肿大有尿酸盐沉积形成花斑肾，临床多见肾型传染性支气管炎、沙门氏菌感染、痛风、法氏囊炎、磺胺类药物中毒等。

肾脏被膜下出血，临床多见鸡住白细胞原虫病、磺胺类药物中毒。

肾脏形成肿瘤，临床多见马立克氏病、淋巴白血病等。

肾脏单侧出现自融，临床多见输尿管阻塞。

输尿管变粗、结石，临床多见痛风、肾型传染性支气管炎、磺胺类药物中毒。

5. 生殖系统

公禽生殖系统包括睾丸、输精管和阴茎；母禽生殖系统包括卵巢和输卵管，左侧发育正常，右侧已退化，成禽卵巢如葡萄状，有发育程度不同，大小不一的卵泡。剖检时应观察卵泡发育情况和输卵管的病变。

病禽生殖系统常见下述异常情况。

卵巢菜花样肿胀，多见马立克氏病。

卵巢萎缩，多见沙门氏菌感染、新城疫、禽流感、产蛋下降综合征、禽脑脊髓炎、传染性支气管炎、传染性喉气管炎等。

卵泡液化像蛋黄汤样，多见禽流感、新城疫等。

卵泡呈绿色并萎缩，多见沙门氏菌感染。

卵泡上有一层黄色纤维样干酪物，多见禽流感、严重的大肠杆菌病。

卵泡出血，多见热应激、禽霍乱、坏死性肠炎。

输卵管内积大量黄色凝固样干酪物，恶臭，多见大肠杆菌引起的输卵管炎。

输卵管内积有似凝非凝蛋清样分泌物，多见禽流感。

输卵管水肿，像热水煮过一样，多见热应激、坏死性肠炎。

输卵管内像撒一层糠麸样物，壁上形成小米粒大小红白相间的结节，临床多见鸡住白细胞原虫病。

输卵管子宫部分出现水肿或水疱，临床多见产蛋下降综合征、传染性支气管炎。

输卵管发育不全，前部变薄积水或积蛋黄，峡部出现阻塞，临床多见小鸡传染性支气管炎、衣原体病。

输卵管系膜形成肿瘤，临床多见鸡马立克氏病、网状内皮增生症。

6. 消化系统

剖检时应注意观察消化系统器官是否出现水肿、出血、坏死、肿瘤等。

家禽消化系统特殊，没有唇、齿及软腭，上下颌形成喙。口腔与咽直接相连，食物入口后不咀嚼，借助吞咽经食管入嗉囊；嗉囊是食管入胸腔前扩大而成，主要机能是贮存、湿润和软化饲料，嗉囊收缩，将食物送入腺胃；腺胃分泌胃液；肌胃紧接腺胃之后，肌胃的肌层发达，胃内壁为坚韧的类角质膜，肌胃内有砂砾，对食物起着机械研磨作用。

禽肠较短，分为小肠和大肠，小肠的十二指肠位于肌胃右侧，空肠较长，形成花环状的肠襻，悬吊在腹腔右侧，回肠短，以系膜与两条盲肠相连，小肠内肠液的作用与哺乳动物相似。禽的大肠由两条盲肠和一条短的直肠构成，禽类没有明显的结肠，回肠中的食糜一部分进入盲肠，盲肠中有微生物的发酵作用，其余食糜直接进入直肠，直肠的消化作用弱，主要吸收水分，直肠末端膨大形成泄殖腔，是消化、泌尿和生殖三系统的共同出口，被两行皱褶分为前、中、后三部分，前部称粪道，与直肠相接，是贮粪的地方，中部是泄殖道，为输尿管、公禽输精管及母禽输卵管开口处，后部称肛道，其背侧有腔上囊的开口，肛道为消化管的最后一段，以肛门开口于外。

病禽消化系统常见下述异常情况。

腺胃肿胀像乒乓球样，浆膜外出现水肿变性，多见腺胃型传染性支气管炎、鸡马立克氏病。

腺胃变薄，严重时形成溃疡或穿孔，腺胃乳头变平，严重形成蜂窝状，临床多见于坏死性肠炎、热应激。

腺胃乳头出血，多见于新城疫、禽流感、药物中毒等。

腺胃黏膜和乳头出现广泛性出血，多见鸡住白细胞原虫病、药物中毒和肉仔鸡严重大肠杆菌病。

腺胃与肌胃交界处出血，多见鸡新城疫、禽流感、传染性法氏囊炎及药物中毒。

腺胃与肌胃交界处出现腐蚀、糜烂，多见于药物中毒、霉菌感染。

腺胃与肌胃交界处形成铁锈色，多见于药物中毒、肉仔鸡强毒新城疫感染和低血糖综合征。

腺胃与肌胃交界处角质层出现水肿、变性，多见于药物中毒。

腺胃与食道交界处出血，多见于传染性支气管炎、新城疫、禽流感。

食道出血，多见于药物中毒、禽流感和鸭瘟。

食道出现坏死，多见于鸭瘟。

食道形成一层白色假膜，多见于念珠菌感染和毛滴虫病。

肌胃变软，无力，多见于霉菌感染、药物中毒。

肌胃角质层糜烂，多见于药物中毒、霉菌感染。

肌胃角质层下出血，多见于新城疫、禽流感、霉菌感染或药物中毒。

小肠肿胀，浆膜外观有点状出血，多见于小肠球虫病。

小肠壁增厚，有白色条状坏死，严重时在小肠形成假膜，多见于堆式球虫病或坏死性肠炎。

小肠有片状出血，多见禽流感或药物中毒。

小肠有黏膜脱落，多见坏死性肠炎、热应激或禽流感。

十二指肠腺体、盲肠扁桃体、淋巴滤泡肿胀、出血，严重者形成纽扣样坏死，多见新城疫。

小鹅小肠变粗增厚形成肠芯，多见小鹅瘟或病毒性肠炎。（附录五，图 4 - 12 - 5）

肠壁形成米粒大小的结节，直肠最为显著，多见慢性沙门氏杆菌、大肠杆菌引起的肉芽肿。

盲肠内积红色血液，盲肠壁增厚、出血、盲肠体积增大，多见于盲肠球虫。

盲肠内积有黄色干酪物，呈同心圆状，多见盲肠肝炎、慢性沙门氏菌感染。

肠道形成肿瘤，多见马立克氏病。

鸭直肠出血、坏死，多见鸭瘟。

7. 呼吸系统

剖检时，应注意呼吸系统的颜色、水肿、出血或实质性病变等。家禽鼻短，气管较长有鸣管，肺脏较小，有 1/3 深嵌于肋间膜内，缺乏弹性，无膈膜，胸腹腔相通，靠肋骨、腹腔运动完成呼吸运动。

病禽呼吸系统常见下述异常情况。

肺部呈樱桃红色，多见一氧化碳中毒。

肺部肉变，小鸡多见肺型白痢、曲霉菌感染；成鸡多见马立克氏病。

肺部形成黄色小米粒大小的结节，多见肺型白痢、曲霉菌病。

肺部水肿，多见肉鸡腹水综合征。

肺部形成黄白色较硬的豆腐渣样坏死，多见禽结核、曲霉菌病、马立克氏病。

肺部有霉菌斑和出血，多见霉菌感染。

支气管内积大量的干酪样物或黏液，多见育雏前7天湿度过低，传染性支气管炎。

支气管上端出血，多见传染性支气管炎、新城疫、禽流感等。

鼻黏膜出血，鼻腔内积大量的黏液，临床多见传染性鼻炎、支原体、鸭瘟等。

喉头水肿，多见传染性喉气管炎、新城疫、禽流感。

气管内形成痘斑，多见黏膜型鸡痘。

气管内形成血样黏条，多见传染性喉气管炎。

喉头形成黄色的栓塞，多见传染性喉气管炎或黏膜型鸡痘。

8. 心脏

剖检时，应注意心脏的形态，冠脂及其内外膜、心包情况。病禽心脏常见下述异常变化。

冠脂出血：临床多见禽霍乱或禽流感。

心脏上形成米粒大小结节：临床多见慢性沙门氏杆菌病、大肠杆菌病或鸡住白细胞原虫病。

心肌出现肿瘤：多见马立克氏病。

心包内形成黄色纤维素性渗出物：多见大肠杆菌病。

心包内积有大量白色尿酸盐：临床多见痛风、肾型传染性支气管炎、磺胺类药物中毒。

心包积有大量黄色液体：临床多见一氧化碳中毒、肉鸡腹水综合征、肺炎及心力衰竭。

心脏代偿性肥大、心肌无力：临床多见肉鸡的腹水综合征。

心脏出现条状变性，心内、外膜出血：临床多见禽流感、心肌炎、维生素 E 缺乏症。

心脏瓣膜形成圆球状：临床多见风湿性心脏病、心肌炎。

五、病料的选取与送检

1. 病料的选取

（1）病禽　家禽个体较小可以将整只病禽作为病料送往诊断部门检验，选取病禽时应挑选发病早期、症状典型、具有代表性的病禽；病禽的尸体也可作为病料，但最好在病禽死亡初期（死亡 6 小时之内），死亡时间较长、腐败尸体不可作为病料。

（2）病料　心脏、肝脏、脾脏、肺脏、肾脏等实质器官，应选择病变明显的部位采取约 2~5 立方厘米的方块，若幼小动物，可采取完整的器官，分别置于灭菌容器内，为防止交叉污染，每一个脏器用一套灭菌的剪刀、镊子，必要时各脏器作触片或压片数张。

淋巴结：尽可能多地采取病变器官邻近的淋巴结，采取时，应防止污染，被污染的病料，应废弃重新采取。

肠管：用线扎紧病变明显处（长约 5~10 厘米）的两端，从扎线外侧剪断。

血液：通常采取心血，先用烧红的刀片烙烫心肌表面，然后用灭菌吸管或采血器抽取血液，盛于灭菌的试管或青霉素瓶中。

血清：抗体效价测定用血清，可用针头垂直或稍斜向远心端刺破翅静脉（事先用酒精棉球局部消毒），待流出的血液量足够时（0.3~0.5 毫升）用聚乙烯无毒塑料管吸取血液（柱长 10~12 厘米左右为宜），采完血用棉球按压采血处，以免血液流入皮下，将采完血液的塑料管屈曲成"U"字形，然后在火焰上加热塑管一端压封，封固后编号，4℃冰箱存放，待用。

2. 病料的送检

（1）病料存放　用于病毒检验的病料，应装入灭菌容器内，经密封并贴上标签，立即置于冰箱中冷藏或冷冻保存，如较长时间才能送检，应在–20℃（或–70℃）条件下保存。

用于细菌检验的病料，不同脏器应分别放入灭菌容器内或灭菌塑料袋内，贴上标签，立即冷藏送实验室检验；少量粪便病料可投入灭菌生理盐水中，较多量的粪便可装入灭菌容器内，贴上标签后冷藏保存；抽取的分泌物或渗出液，要放入灭菌的玻璃瓶内密封，贴上标签，冷藏。

（2）包装　每个组织病料应分别包装，在容器外面或病料袋上贴标签，注明病料名称、编号、采样日期等，再将各个病料放到塑料包装袋中，塑料袋上注明采样人姓名、采样日期，标注放置方向，切勿倒置。

（3）运送　运送病料应派专人用最快速度运送，运送时保证病料包装完好，避免碰撞、高温、阳光照射等，病料若能在24小时内送到实验室，可只用带冰袋的保温容器冷藏运输，供病毒检验病料，在冷藏状态下4小时内送到实验室，若超过4小时需作冷冻处理，将病料置于–20℃冻结，再在保温瓶内加冰袋运输。

送病料时须提供病历、送检目的、取样记录等信息，检验室接到样品须办理样品接收手续，并立即进行检验。

第四章　家禽常见病毒性疾病

一、鸡新城疫

1. 概述

鸡新城疫（ND）又称亚洲鸡瘟、伪鸡瘟，是鸡和火鸡的一种急性高度接触性烈性传染病。鸡新城疫广泛存在，发病急、传播快、死亡率高，典型的新城疫死亡率可达80%，目前我国新城疫多以非典型性发生，仍是严重危害养鸡业的主要疾病之一。该病潜伏期长短不一，取决于病毒数量及其强弱、感染途径和鸡抵抗力强弱，自然感染潜伏期3～5天。

2. 临床症状（附录五，图4-1）

（1）非典型新城疫　发生于有一定抗体水平的免疫鸡群，病情比较缓和，发病率和死亡率都不高；临床表现以呼吸道症状为主，病鸡张口呼吸、咳嗽、呼噜，采食量轻微下降，嗉囊积液，从口腔流出酸绿发臭液体，排绿色粪便，继而出现个别鸡扭头等神经症状。成年鸡产蛋率下降20%～30%，严重者可达50%，并出现畸形蛋、褪色蛋、软壳蛋和沙皮蛋。

（2）典型新城疫　当非免疫鸡群或严重免疫失败鸡群受到嗜内脏型、嗜肺脑型毒株感染时，可引起典型新城疫的暴发，鸡群突然发病，个别鸡未表现症状就迅速死亡，发病率和死亡率可达50%以上，临床表现为体温升高，鸡冠和肉髯暗红色，精神萎靡、嗜睡；采食量减少或废绝，嗉囊内有大量发绿酸臭液体，倒提鸡只从口中流出，拉草绿色稀便；呼吸困难，甩头，气管内有啰音，咳嗽，呼噜，严重时张嘴伸颈呼吸；后期可见扭头、翅膀麻痹、仰头观星状、点头或跛行等神经症状；蛋鸡产蛋率下降，褪色蛋、薄壳蛋、畸形蛋明显增多。

3. 病理剖检变化（附录五，图4-1）

典型新城疫可见喉头，支气管上端水肿、出血，气管内积有黏液或干酪物。腺胃乳头肿大出血，腺胃与肌胃交界处，腺胃与食道交界处出血或溃疡，肌胃角质层下出血，胆汁反流进入腺胃与肌胃，十二指肠及小肠黏膜有出血和溃疡，肠道腺体肿大出血，严重时形成枣核样坏死，盲肠扁桃体肿大出血和溃疡，卵泡出血、萎缩和液化甚至卵泡破裂进入腹腔，输卵管萎缩变细变短。

非典型新城疫致死的鸡病理剖检变化不典型，病变轻微，腺胃乳头很少见到出血，主要表现十二指肠、回肠腺体和盲肠扁桃体肿大出血较典型。

4. 防控

对于新城疫尚无有效的治疗方法，重在预防，要做好环境消毒，杜绝病原侵入，加强饲养管理，增强鸡群抵抗力，合理预防接种，增强鸡群免疫力，加强抗体检测，做好适时免疫。目前，广泛应用的有弱毒疫苗如Ⅳ系以及克隆30、新疫康商品苗等，用于雏禽和产蛋鸡，对各种鸡均比较安全，可用滴鼻点眼，饮水，气雾免疫和肌内注射；中等毒力苗如Ⅰ系疫苗，毒力稍强，用于2月龄以上鸡群，可采用肌内注射、刺种、点眼、滴鼻和气雾免疫，优点是产生免疫快，免疫力强，免疫期较长，由于毒力强，不适于雏鸡接种；新城疫油佐剂灭活苗是用Ⅳ系、克隆30或基因-Ⅶ型毒株经灭活制成，优点是安全，不散毒易保存，免疫期长，只能肌内注射，可用于各种日龄家禽，与弱毒苗同时使用效果更佳。

发病初期，症状不明显者可采用紧急免疫；发病中后期，采食状况差者，可用药物进行保守治疗，可用干扰素、白介素、自制的高免血清（或蛋黄），抗病毒药物双黄连制剂、清瘟败毒散、黄芪多糖制剂等。结合对症治疗，防止继发细菌感染。

5. 鉴别诊断

新城疫发病初期症状不典型主要表现为呼吸道症状，易与呼吸道传染病如禽流感、传染性支气管炎、传染性喉气管炎相混淆，有的呈现败血症易与禽霍乱相混淆。许多病理变化与禽流感相似，应注意鉴别（表4-1）。

表4-1 鸡新城疫与禽流感的症状对照表

症状	鸡新城疫	禽流感
头部肿胀	无	有
冠颜色	发绀	蓝紫色
粪便	绿色稀粪	黄绿色带大量黏液
口腔	绿色酸臭液体	大量黏液
腿部鳞片下出血	无	有
脂肪出血	很少	严重
肠黏膜	充血	脱落
肠道腺体	肿大、出血、纽扣样坏死	无
输卵管内容物	无	似凝非凝样分泌物

二、鸡传染性法氏囊炎

1. 概述

鸡传染性法氏囊炎（IBD），又称腔上囊炎、传染性囊炎，是由传染性法氏囊炎病毒（IBDV）引起的雏鸡急性、接触性、免疫抑制性传染病。自然感染仅发生于鸡，各种品种的鸡均可感染，主要发生于2~15周龄的鸡，3~6周龄最易感，成年鸡一般呈隐性经过。病鸡是主要传染源，其粪便中含有大量病毒，可污染饲料、饮水、垫料等，通过直接接触和间接传播，病毒在污染鸡舍内可存活3个多月。该病一年四季均可发生，多发于春夏之交。

2. 临床症状（附录五，图 4 - 2）

突然发病，发病率高，潜伏期短（2～3 天）。当发现鸡群感染该病时，短时间内所有的易感鸡都可被感染，通常在感染后第三天出现死亡，5～7 天达到高峰，以后很快平息，表现为尖峰死亡和迅速康复，死亡率可达 70%～80%；鸡场初次暴发本病，发病急、症状明显、死亡率高，在疫区，发病不太严重，症状不明显，病变不典型，死亡无规律。

病初可见病鸡啄自己的泄殖腔，精神不振、翅膀下垂、羽毛蓬乱、眼睑闭合、步态不稳、采食减少、饮水量增加、畏寒发抖、腹泻、拉白色稀粪并带有蛋清样分泌物，粪便污染泄殖腔周围羽毛；病鸡严重脱水、极度虚弱，常挤压在一起，后期闭目嗜睡，头垂地面抽搐，最后衰竭而死。

一般 3 周龄以下雏鸡感染时，症状较为严重，法氏囊破坏严重，可出现永久性免疫抑制；3～6 周龄的鸡感染时，往往仅导致暂时性免疫抑制，随着血清 I 型病毒变异，表现在免疫鸡群出现亚临床症状，炎症反应弱，法氏囊萎缩，死亡率较低，但产生免疫抑制严重而危害性更大。

3. 病理剖检变化（附录五，图 4 - 2）

法氏囊肿大 2～3 倍，浆膜外有胶样渗出，囊浑浊，严重者形成紫葡萄样，切开囊腔可见黏膜皱褶条纹或斑状出血，囊腔中积有黏液，后期积有干酪样物，康复鸡法氏囊萎缩、囊壁出血，外观呈蜡黄色。

肌胃与腺胃交界处有条纹出血带；肝脏肿大，颜色土黄，有白色索状坏死；肾脏肿大，肾小管、输尿管内有大量白色尿酸盐沉积，严重时形成"花斑肾"；腿肌、胸肌呈刷状出血。

4. 防控

（1）预防

加强消毒：消毒工作要贯穿孵化、育雏全过程，育雏期最好采取封闭育雏，防止通过饲料、用具、饲养人员将病毒传入鸡舍。

提高雏鸡母源抗体水平：种鸡开产前（18～20 周龄）和产蛋高峰后（40～42 周龄）分 2 次应用鸡传染性法氏囊油乳灭活苗强化免疫，使子代获得较高而整齐的母源抗体，在 2～3 周龄内得到较好的保护，防止雏鸡早期感染。

雏鸡免疫接：一般 14 日龄采用中等毒力偏弱毒苗首免，28 日龄采用中等偏强毒力疫苗二免。

（2）治疗　发病早期使用法氏囊高免卵黄抗体（或高免血清）以及黄芪多糖、扶正解毒散、板蓝根制剂、清瘟败毒散、盐酸左旋咪唑治疗。

鸡群发病后在进行治疗的同时，应注意改善饲养管理，提高鸡舍温度，饮水中加入 5% 的红糖或口服补液盐，供给充足饮水，适当降低饲料蛋白 2%～3%，提高维生素含量，适当添加抗生素防止继发细菌感染，可有效降低死亡率。

中药方剂：板蓝根 10 克、连翘 10 克、黄芩 10 克、生地 10 克、泽泻 8 克、海金沙 8 克、黄芪 10 克、诃子 5 克、甘草 5 克、每只鸡 0.5 克，连用 3～5 天。

三、鸡马立克氏病

1. 概述

马立克氏病（MD）是由疱疹病毒引起鸡的一种肿瘤性疾病，临床分神经型、皮肤型、眼型、内脏型。

2. 神经型马立克氏病

临床症状：多发于 2～3 月龄鸡只，病鸡精神差，羽毛无光泽，被毛竖立，腿部肌肉萎缩，变细，呈明显的劈叉姿势（附录五，图 4-3-1），翅膀下垂，头颈歪斜，大嗉囊。

病理剖检变化：受损神经水肿、出血，形成肿瘤，局部神经横纹消失、肿胀增粗，使两侧神经不对称。

3. 内脏型马立克氏病

临床症状：此类型是最常见一种病型，发病日龄多在 90 ~ 150 日龄青年鸡，病鸡精神沉郁，食欲不振，羽毛蓬乱，行动缓慢，常缩颈发呆蹲于舍角，闭目似睡，鸡冠和脸干燥、苍白无光；拉干绿色粪便，有时见白绿色稀便，病鸡进行性消瘦，趾、爪皮肤干燥，后期极度衰弱昏迷、瘫痪最后导致死亡。

病理剖检变化：皮下干燥，肌肉暗红，无光泽，消瘦，龙骨突出呈刀背状；内脏各器官广泛性肿瘤病灶，卵巢、肝脏、脾脏、肾脏、心脏、肺脏、胰脏、腺胃、肠道等器官可见大小不同形状不一的单个或多个灰白色或黄白色肿瘤结节（附录五，图 4 - 3 - 4，图 4 - 3 - 5），质地坚实而致密，有时肿瘤呈弥漫性，使整个器官变得很大；法氏囊萎缩，而不形成肿瘤。

4. 眼型马立克氏病临床症状

此类型发病率极低，病鸡主要表现为一眼或双眼的虹膜受侵害，正常虹膜被灰白色淋巴浸润，故有"灰眼症"之称，瞳孔边缘不整齐，呈锯齿状（附录五，图 4 - 3 - 2），整个瞳孔最后缩小到针尖大小，视力减退或失明。

5. 皮肤型马立克氏病临床症状

该种类型在本病中发病率很低，多见病鸡翅膀、颈部、大腿、背部和尾部皮肤毛囊肿大融合，皮肤变厚，形成米粒至蚕豆粒大小的结节及瘤状物，甚至坏死，破溃流血，切开时质韧，切面呈淡黄色。

6. 防控

马立克氏病应以预防为主，加强饲养管理，提高抵抗力，严格消毒，加强育雏期管理，封闭育雏，做好免疫接种。

疫苗类型主要有 3 种，血清Ⅰ型疫苗、血清Ⅱ型疫苗和血清Ⅲ型疫苗（HVT），Ⅰ型疫苗主要是 CVI-988 和 814 疫苗，可单独使用，也可与Ⅱ型、Ⅲ型合用，效果较好；Ⅱ型疫苗，如

SB-1，常与 HVT 组成二价或多价疫苗，预防超强毒株的感染，保护率可达85％以上；火鸡疱疹病毒疫苗（HVT）也称血清Ⅲ型疫苗，主要用 FC126 株制成，HVT 在鸡体内对马立克氏病病毒起干扰作用，常在 1 日龄接种，HVT 苗有两种，一种是冻干苗，4℃保存，效果较差，另一种是液氮苗，－196℃液氮中保存，效果较好。20 世纪 80 年代以来，HVT 免疫失败的越来越多，部分原因是由于超强毒株的存在。

马立克氏病无法治疗，发现病鸡要深埋消毒。

四、鸡传染性支气管炎

1. 概述

鸡传染性支气管炎（IB）是由传染性支气管炎病毒（IBV）引起的一种急性高度传染性呼吸道疾病，根据临床表现可分为呼吸型、肾型、腺胃型和生殖型。

2. 呼吸型传染性支气管炎

（1）临床症状　传播快，潜伏期短（36 小时）并通过飞沫传播，一般 1～3 天波及全群，在鸡群中传播快、发病急、发病率高，各种日龄鸡均可感染，以 1～4 周龄雏鸡最严重，死亡率也高，随着日龄的增长，抵抗力增强，症状减轻；病鸡无明显前躯症状，常突然发病，出现呼吸道症状，并迅速波及全群，病鸡张口伸颈呼吸（附录五，图 4－4－1）、咳嗽、鼻腔流浆液性或黏液性分泌物，发出喘鸣声，随着病程发展表现精神萎靡、食欲废绝、羽毛松乱、翅膀下垂、昏睡、怕冷挤堆、个别鸡鼻窦肿胀、流泪、逐渐消瘦；青年鸡表现突发啰音，继而出现呼吸困难、喷嚏、很少见鼻腔有分泌物；产蛋鸡呼吸道症状轻微，主要表现产蛋性能下降，产出畸形蛋、沙壳蛋、软壳蛋和褪色蛋，蛋白稀薄如水，蛋壳表面有像石灰样物质沉积。

（2）病理剖检变化　病鸡气管、支气管交界处出现黏膜水肿、充血、出血，管腔内有浆液性或黄色干酪物（附录五，图4-4-6）；支气管出血水肿，内积大量液体或被黄色干酪物阻塞；产蛋鸡卵泡充血、出血，腹腔内有液化和凝固的卵黄。

（3）防控　采取综合防控措施，加强饲养管理，降低饲养密度，加强通风，注意保温，严格消毒。

加强免疫，用 H_{120} 疫苗滴鼻，7～10 日龄首免，21～24 日龄二免，75 日龄用 H_{52} 疫苗强化免疫，开产前用新城疫—支气管炎—减蛋综合征三联灭活苗注射免疫，产蛋高峰过后每隔两个月用 H_{120} 免疫一次。

治疗：本病尚无特效药物，治疗原则抗病毒，防止细菌继发感染和对症治疗。可参考使用抗病毒药以及免疫增强剂，如干扰素、白介素、排异肽、淋巴因子等饮水或肌内注射；黄芪多糖饮水 3 天。防止细菌继发感染用泰乐菌素饮水 3 天。对症治疗：止咳、化痰、平喘中药缓解呼吸道症状，如人用复方甘草片（甘草合剂）、氯化铵、氨茶碱饮水 3 天。

3. 肾型传染性支气管炎

（1）临床症状　多发于 14～50 日龄雏鸡，而 20～30 日龄最易感，发病率 30%～50%，死亡率 20%～30%；病初有轻微呼吸道症状，精神沉郁、羽毛蓬乱、食欲减退、饮水增加、嗉囊积液、怕冷挤堆、腹泻、排出白色奶油样（石灰水样）粪便（附录五，图4-4-3），病鸡脱水明显，爪部干燥无光泽，最后衰竭而死。

（2）病理剖检变化　肌肉脱水，弹性差，严重时形成搓板状。肾脏肿大数倍，呈"哑铃型"，肾小管内充满尿酸盐结晶、苍白，形成"花斑肾"（附录五，图4-4-7），输尿管内积大量尿酸盐，严重时形成结石；后期个别禽只单侧肾脏出现自融。

（3）防控　综合防控措施同呼吸型传染性支气管炎。

免疫接种：疫苗主要有 28/86、Ma5 和肾型传染性支气管炎灭活苗。7～10 日龄用 28/86 点眼滴鼻首免，40～50 日龄用 28/

86 三倍量饮水，开产前用肾型传染性支气管炎灭活苗肌内注射。

治疗：①加强饲养管理，降低饲料蛋白含量，每吨饲料多添加玉米200千克，同时，补充维生素A等。②饮水中加入嘌呤醇、丙磺舒，减少尿酸盐形成。③0.2%～0.3%碳酸氢钠饮水，加速尿酸盐排出。④用口服补液盐饮水，防止脱水。⑤用干扰素等饮水抗病毒。⑥用阿莫西林等对肾脏损伤较小的药物饮水防止继发细菌感染。⑦使用排石利尿中药制剂。

4. 腺胃型传染性支气管炎

（1）临床症状　该病多发于60日龄内雏鸡，病鸡采食量下降，精神差，羽毛蓬松、呆立于角落；拉白绿色稀便，高度消瘦，发育差。

（2）病理剖检变化　腺胃肿大（附录五，图4-4-4），大小如乒乓球，浆膜外变性，腺胃胃壁增厚，乳头肿大出血，个别乳头融合形成火山口样溃疡。

（3）防控　加强饲养管理，搞好环境卫生和消毒工作，供给全价饲料，防止饲料和垫料发霉。

免疫接种，首免5～7日龄用491点眼滴鼻。

治疗：干扰素抗病毒；用阿莫西林、青霉素等对胃刺激较小的药物饮水，消炎防止继发感染；用大黄苏打片、臭美拉唑拌料饲喂3～5天，严重时加西咪替丁（1片拌1千克料）拌料健胃；用复合维生素B、消化酶、治疗法氏囊炎的中药进行辅助治疗。

中药：神曲60克、山楂60克、麦芽90克、厚朴60克、陈皮30克。每只鸡每天0.5克。

5. 生殖型传染性支气管炎

（1）临床症状　产蛋鸡开产日龄后移，产蛋高峰不明显，开产时产蛋率上升速度较慢，病鸡腹部膨大呈"大裆鸡"（附录五，图4-4-2），触诊有波动感，行走时呈企鹅状步态，病鸡鸡冠鲜红有光泽，腿部黄亮。

（2）病理剖检变化　卵泡发育正常，卵泡成熟后排入腹腔、输卵管内；形成幼稚型输卵管，狭部阻塞或输卵管壁变薄有大量积液（附录五，图 4 - 4 - 5）。

（3）防控　做好传染性支气管炎预防工作，及时淘汰"大裆鸡"。

五、鸡传染性喉气管炎

1. 概述

鸡传染性喉气管炎（AILT）是由传染性喉气管炎病毒引起的一种急性高度接触性呼吸道传染病，本病传播快，死亡率高。

2. 临床症状（附录五，图 4 - 5）

病鸡眼睛流泪，半睁半闭，有鼻液，面部红肿，眼睑水肿，眼内有分泌物和气泡。

病鸡呼吸困难，咳嗽、有喘鸣音；病鸡蹲于地面，张口伸颈吸气，并发出"嗝嗝"的怪叫声，同时，表现明显的甩头，咯出血样黏条，污染鸡体及笼具，若分泌物不能排出可窒息死亡，后期形成黄色干酪样栓子阻塞喉头。

病鸡食欲减退或废绝，鸡冠发紫，有时还排出绿色稀便。

产蛋鸡产蛋量迅速减少或停产，蛋壳颜色发白、畸形蛋、软壳蛋增多，病程 5 ~ 7 天或更长，有的逐渐恢复成为带毒鸡。

有些鸡群表现比较缓和，呈地方性流行，其症状为生长迟缓，产蛋量减少，常伴有流泪、结膜炎及眼部肿胀，上下眼睑粘连，强行掰开，内有黄色干酪物，有的病例眶下窦肿胀，发病率 2% ~ 5%，病程长，死亡率低，大部分可以耐过，若有继发感染时死亡率增加。

3. 病理剖检变化（附录五，图 4 - 5）

喉头和气管上 1/3 处黏膜水肿，严重者气管内有血样黏条，喉头和气管内覆盖黏液性分泌物，病程长的鸡形成黄色干酪样物，气管形成假膜，严重时形成黄色栓子，阻塞喉头。眼结膜水肿充血，出血，严重的眶下窦水肿出血。产蛋鸡卵泡萎缩变性。病死鸡剖检时因内脏淤血和气管出血而导致胸肌贫血。

4. 防控

（1）预防　加强饲养管理，搞好防疫工作。首免35日龄左右，选用毒力弱、副作用小的疫苗，传染性喉气管炎—禽痘二联基因工程苗；二免80~100日龄，可选择毒力强、免疫原性好的疫苗，传染性喉气管炎弱毒疫苗。

（2）治疗　本病尚无特效的治疗方法，早期感染鸡群采用抑制病毒复制、化痰治痰，防止继发感染。使用干扰素、中药制剂喉炎净散有一定疗效。

对感染后期以化痰止咳止血为主，在此基础上加入化痰止咳药物，如氯化铵、甘草片、碘甘油饮水，对张口呼吸的鸡，用镊子将喉头干酪物取出，用碘甘油涂抹2~3滴。对个别严重的填服喉症丸，每只2~3粒。

六、禽流行性感冒（禽流感）

1. 概述

禽流行性感冒（AI）又称真性鸡瘟、欧洲鸡瘟，是由A型流感病毒引起的禽类（家禽、野禽）全身性高度接触性烈性传染病，主要临床症状为呼吸困难、产蛋下降、全身器官浆膜出血、致死率极高。本病常引起大批家禽死亡，造成巨大的经济损失。自1997年香港地区首次报道人感染H5N1亚型流感导致死亡，至今因禽流感导致人死亡数量达200多人，因此，禽流感已成为公共卫生问题，直接影响到人类健康和畜禽安全，世界动物卫生组织已将其列为A类传染病，我国也将其列为一类传染病。

2. 临床症状（附录五，图4-6）

禽流感的潜伏期从几小时到数天不等，潜伏期长短与病毒毒力、致病性、感染强度、传播途径、禽类免疫状况、易感禽种类等有关。禽流感病毒毒力不同可分为弱毒流感（H9 亚型）和强毒流感（H5、H7 亚型），其临床症状也有所差异。

（1）H9N2 亚型 病禽精神沉郁，羽毛松乱，双翅下垂，身体蜷缩，两腿发软，不愿走动或昏睡，反应迟钝，站立不稳；体温升高，病初 43～44℃，后期体温下降，最后衰竭而死。采食量急剧下降，整群下降 20%～30%，严重食欲废绝，排出黄绿色带黏液的粪便，常因采食量下降，粪中尿酸盐增多。

病禽出现明显呼吸道症状，迅速波及全群，病禽打喷嚏、咳嗽、气管啰音等，严重时呼吸困难，表现张口伸颈呼吸。80% 以上的病禽头部肿胀，冠和肉髯呈暗红色，肉髯水肿，眼部流泪，结膜水肿、出血。病禽胫部鳞片下出血。

发病鸡群产蛋率急剧下降，1～3 天内迅速下降到 20% 左右，甚至绝产，蛋壳颜色发白，出现大量软壳蛋、破皮蛋和无壳蛋。

H9N2 亚型弱毒流感水禽只带毒和排毒，但水禽不表现临床症状。

（2）H5N1 亚型 强毒流感在禽群中传播主要通过接触传播，因此，在刚发病 1～3 天内整群精神、采食、产蛋基本没有多大变化。因强毒流感毒株较强，禽只感染后病程较短，死亡率高，严重时可达 100%，因此，头部肿胀比例明显低于弱毒流感。

冠和肉髯水肿、呈蓝紫色；跗关节周围及胫部鳞片下水肿、出血；生殖系统、呼吸系统、消化系统症状基本上与弱毒流感相似。

水禽感染 H5N1 亚型也可以表现症状和出现死亡。

3. 病理剖检变化（附录五，图 4－6）

感染强毒和弱毒流感的病鸡病理剖检变化差别不大。头部肿大病鸡可见头部皮下呈黄色干酪样或胶样水肿，眼结膜充血、出血，口腔积大量黏液，食道充血，眶下窦内积有干酪样物。

腺胃肿胀，乳头黏膜出血，腺胃与肌胃交界处出血；腹腔脂肪点状出血，胰脏边缘呈线状出血坏死，肠黏膜坏死脱落，肠腔内积大量黏液，肠道有片状出血，泄殖腔出血，盲肠扁桃体陈旧性出血。

心脏内外膜、心冠脂肪出血，心肌形成条状坏死。

产蛋鸡卵泡萎缩、变性、出血，卵泡上有黄色纤维素性渗出物，部分卵泡液化，形成卵黄性腹膜炎，输卵管系膜水肿，严重时呈胶样渗出，输卵管内积有黄白色脓性或似凝非凝蛋清样分泌物。

H9N2 亚型病程较长，往往和大肠杆菌混合感染，出现明显的心包炎、肝周炎和气囊炎，而 H5N1 亚型病程较短，不出现心包炎、肝周炎和气囊炎变化。

4. 防控

（1）预防　加强饲养管理，增强机体抵抗力，定期消毒，防止飞鸟、鼠类进入禽舍，避免病原的侵入。

预防接种，保证免疫率达百分之百；禽流感病毒的亚型多，易变异，各亚型之间交互保护力低，做好 H9N2、H5N1 的免疫工作十分必要，10～20 日龄首免，开产前 15～20 天进行二免，若产蛋高峰过后正好赶到秋冬季节抗体水平低要加强免疫一次。

预防接种注意事项，免疫禽流感油苗时，应提前 6 小时从冰箱中拿出，防止出现冷应激，首免以颈部 1/3 处皮下为宜，切勿注射腿肌；流感灭活疫苗免疫后，有应激反应，部分禽只精神差、食欲减退，2～3 天可恢复，产蛋鸡会引起产蛋量短期下降，一周左右即可恢复，为防止应激，可在饲料中添加复合多维和抗生素 3～5 天；禽流感血清亚型较多，且病毒变异快，因此应做好定期检测工作。

（2）紧急扑灭措施　禽场一旦发生可疑高致病性禽流感疫情，坚决按照农业部颁发的《高致病性禽流感疫情处置技术规范》严格执行。

①上报疫情，及早确诊。

②隔离：临床怀疑为高致病性禽流感时应立即对疫点内全部禽只实施隔离措施，指派专人看管，禁止禽类及其产品移动，对禽舍内外环境进行严格消毒处理。

③封锁：临床确诊为高致病性禽流感时，由所在地兽医行政管理部门划定疫点、疫区、受威胁区，并报请同级人民政府发布封锁令，对疫点、疫区实施封锁措施，关闭疫区内禽产品交易市场，禁止易感活禽进出和易感禽产品外运，对被污染的物品、交通工具、用具、禽舍、场地等进行严格消毒；在疫区周围设置警示标志，在出入疫区的交通路口设置动物检疫消毒站，对出入的车辆和有关物品进行消毒。必要时经省人民政府批准，可设临时检查站，执行对禽类的监督检查任务。

④扑杀：将疫点、疫区内所有禽只进行扑杀，病死禽及被扑杀禽应装入防止泄露的密封袋，深埋并对场地彻底消毒，对病禽产品、排泄物、被污染饲料、饮水等进行无害化处理，扑杀病禽应在当地动物防疫监督机构的监控下进行，扑杀应选择易于清理、消毒的地点，应尽量避免病禽血液污染场地，并按照《高致病性禽流感消毒技术规范》对场地进行消毒，扑杀后21天，没有新的病例出现，经彻底消毒后，由当地人民政府宣布解除封锁。

⑤紧急预防：我国将该病列入一类传染病，要求疫点周围3千米以内禽只全部扑杀；疫点周围3千米以外5千米以内的禽只紧急预防接种，5千米以外的禽只计划免疫。

（3）治疗　目前对于禽流感尚无特异性治疗方法，流行过程也不主张治疗。

对于低致病性禽流感，早期确诊后，及时采用针对性强的药物治疗，可取得满意的效果，治疗方案如下：①用中药清瘟败毒散、双黄连制剂、荆防败毒散、黄芪多糖治疗；用自制的抗流感高免血清或蛋黄注射（用同一个血清型抗体），在病初期效果明显。②用丁胺卡钠、氟苯尼考等抗菌药物防止大肠杆菌继发感染。③对症治疗，病禽体温升高，用 APC 拌料，成鸡每 10～12 只鸡 1 片，连用 3 天；若呼吸道症状严重时，还需要加入缓解呼吸道药物，如复方甘草片、氨茶碱等。④辅助措施，提高舍温 2～3℃，降低各种应激因素，降低饲料蛋白含量 2%～3%，提高适口性，增加采食量，增强禽只抵抗力，在饲料中加入适量复合多维，提高家禽非特异性免疫功能，有利于疫病康复。加强消毒，减少病原扩散：每天可用过氧乙酸、食醋进行熏蒸消毒或其他消毒药喷雾消毒，杀灭空气中的病原，防止病原扩散。

七、鸡产蛋下降综合征

1. 概述

鸡产蛋下降综合征（EDS-76）是由禽腺病毒引起的，以鸡产蛋下降为特征的一种传染病，其表现为感染鸡群在开产前病毒呈潜伏状态，病毒由于机体性腺发育而被激活，多在产蛋率达到 50% 至产蛋高峰期间表现出症状。

2. 临床症状（附录五，图 4-7）

典型表现：26～32 周龄产蛋鸡群突然产蛋下降，产蛋率比正常下降 20%～30%，甚至达 50%。病初蛋壳颜色变浅，随之产畸形蛋，蛋壳粗糙变薄，易破损，软壳蛋和无壳蛋增多达 15% 以上，病程一般在 4～10 周，无明显的其他临床症状。

非典型表现：经过免疫接种但免疫效果差的鸡群发病症状会有明显差异，主要表现为产蛋期可能推迟，产蛋率上升速度较慢，高峰期不明显，蛋壳质量较差。

3. 病理剖检变化（附录五，图 4-7）

病鸡卵巢萎缩变小，输卵管黏膜轻度水肿、出血，子宫部分水肿、出血，严重时形成小水疱。

4. 防控

对本病目前尚无有效的治疗方法，应以预防为主，严格兽医卫生措施，杜绝鸡产蛋下降综合征病毒传入，本病主要是通过种蛋垂直传播，所以，引种要从非疫区引进，引进种鸡要严格隔离饲养，产蛋后经血凝抑制试验鉴定，确认抗体阴性者，才能留作种用。

加强免疫接种，110~130日龄免疫接种鸡产蛋下降综合征油佐剂灭活疫苗，免疫后2~5周抗体可达高峰，免疫期持续10~12个月，生产中，以鸡新城疫—鸡产蛋下降综合征二联油佐剂灭活疫苗于开产前2~4周给鸡皮下或肌内注射，对鸡新城疫、鸡产蛋下降综合征均有良好保护力。

用中药清瘟败毒散拌料，用双黄连制剂、黄芪多糖饮水；同时添加维生素A、维生素D_3和输卵管消炎药效果更好。

八、禽淋巴白血病

1. 概述

禽淋巴白血病（AL）是由禽淋巴细胞白血病/肉瘤病毒群中的病毒引起的、在成年鸡中产生淋巴样肿瘤为特征的肿瘤性疾病。临床上有多种表现形式，主要是淋巴细胞增生性白血病较多，其次是成红细胞白血病、成髓细胞白血病、骨髓细胞瘤、肾母细胞瘤、骨石病血管瘤、肉瘤和皮瘤等。

2. 临床症状（附录五，图4-8）

在4月龄以上鸡群中偶尔发现个别鸡食欲减退，进行性消瘦，精神沉郁，冠和肉髯苍白萎缩或暗红；常见腹泻下痢，拉绿色粪便，腹部膨大，站立不稳，呈企鹅状；肝脏肿大，胸部触诊可见肝脏达到耻骨前沿，最后衰竭死亡；个别禽只出现骨石症，跖骨骨干中部增粗，两侧不对称，病鸡爪部血管瘤破裂出血；感染淋巴白血病的鸡，产蛋高峰不明显，产蛋率低。

3. 病理剖检变化（附录五，图4-8）

淋巴白血病病鸡血液稀薄不凝固，肝脏极度肿大，肝脏、脾脏、肾脏形成大小不一肿瘤，腔上囊肿瘤增生极度膨胀，法氏囊肿大形成肿瘤。

4. 防控

目前，对禽淋巴白血病尚无有效治疗方法，至今尚无有效疫苗可降低该病的发生率和死亡率。因该病的传播主要是通过种蛋垂直传播，水平传播仅占次要地位，国内外控制该病都是从建立无禽淋巴白血病的种鸡群着手，对每批即将产蛋的种鸡群，经酶联免疫吸附试验或其他血清学方法检测，对阳性鸡进行一次性淘汰。如果每批种鸡淘汰一次，经 3～4 代淘汰后，鸡群的禽淋巴白血病将显著降低，并逐步消灭。因此，控制该病的重点是做好原种场、祖代场、父母代场鸡群净化工作。

5. 鉴别诊断

临床上应注意该病与马立克氏病的鉴别诊断，见表4－2。

表4－2　禽淋巴白血病和马立克氏病的鉴别诊断

病名	禽淋巴白血病	禽马立克氏病
发病日龄	4 月龄以上 产蛋高峰期前后最多	3 月龄左右最多 产蛋高峰期后很少发病
肿瘤类型	仅有内脏型	眼型、神经型、皮肤型
法氏囊是否萎缩有无肿瘤	不萎缩、有肿瘤	萎缩、无肿瘤
主要侵蚀器官	肝、脾、肾、法氏囊	各内脏

九、禽痘

1. 概述

禽痘是由痘病毒引起的禽类一种急性接触性传染病。其特征是在鸡无毛和少毛处皮肤上形成痘斑，或在鸡的口腔、咽、喉、气管黏膜上形成纤维素性坏死性伪膜，前者称皮肤型鸡痘，后者称黏膜型鸡痘又称白喉。鸡和火鸡痘的潜伏期为 4～10 天，在集约化养鸡场流行，可引起大量死亡，对雏鸡危害更大。水禽发病率较低。

2. 临床症状（附录五，图4-9）

（1）皮肤型　在鸡冠、肉髯、眼睑和喙角或泄殖腔周围、翼下、腹部及腿爪部等处，开始出现灰白色小结节，逐渐成为带红色的小丘疹，很快增至绿豆大痘疹，呈黄色或灰黄色，凸凹不平，呈干硬结节，有时和邻近的痘疹互相融合，形成粗糙、棕褐色、疣状的大结节，突出皮肤表面，痘痂可以在皮肤上滞留3~4周之久，以后慢慢脱落，留下平滑的灰白色疤痕，症状较轻的病鸡也可能不留疤痕。

皮肤型鸡痘一般比较轻微，没有全身性症状，严重病鸡，尤其幼雏表现出精神萎靡，食欲减退，体重减轻，甚至引起死亡，产蛋鸡则产蛋量显著减少或完全停产。

（2）黏膜型　病初呈鼻炎症状，厌食，流浆液性鼻液，后为浓性鼻液，2~3天后在口腔、咽喉黏膜上形成黄白色小结节，稍突出黏膜表面，小结节逐渐增大并互相融合在一起，在黏膜上形成一层黄白色干酪样假膜，假膜是由坏死的黏膜组织和炎性渗出物凝固而形成，很像人的"白喉"，故称白喉型鸡痘，假膜不易剥离，用镊子强行撕去假膜，则露出红色溃疡面，随着病情的发展，假膜逐渐扩大和增厚，阻塞口腔和咽喉等部位，使病鸡尤其雏鸡呼吸和吞咽严重障碍，嘴也无法闭合，病鸡往往张口呼吸，发出"嘎嘎"的声音。病鸡采食困难，体重迅速减轻，精神萎靡，最后窒息死亡。

此型多发于雏鸡和中鸡，死亡率高，小鸡可达50%。严重病鸡鼻和眼部也受到侵害，产生所谓眼鼻型鸡痘，先是眼结膜发炎，眼和鼻孔流出水样分泌物，后变成淡黄色脓液，时间稍长，病鸡因眶下炎性渗出物蓄积使眼部肿胀，可挤出干酪样物，病重者引起角膜炎而失明。

（3）混合型　皮肤型和黏膜型同时发生称为混合型，病情较严重，死亡率较高。

3. 病理剖检变化（附录五，图 4 – 9）

喉头、气管上形成黄色痘斑，上腭腭裂形成痘斑，阻塞腭裂，眼结膜形成痘斑。

皮肤型和混合型禽痘的临床表现比较典型，根据临床症状及病理变化，可作出正确诊断。单纯的黏膜型禽痘易与传染性鼻炎、慢性呼吸道病、维生素 A 缺乏症等混淆，必要时应进行实验室诊断。

4. 防控

（1）预防　加强饲养管理搞好鸡舍内外的清洁卫生工作，消灭吸血昆虫，减少环境不良因素的应激，降低饲养密度，防止发生外伤。

病鸡康复后，可获得坚强的终身免疫力，接种疫苗有较好的预防效果，预防本病的疫苗主要有鸡痘鹌鹑化弱毒疫苗和鸽痘病毒疫苗，接种方法主要是翼翅刺种法和毛囊法两种，翼翅刺种法是用消毒过的钢笔尖或刺种针蘸取疫苗，刺种在翅膀内侧无血管处皮下；毛囊法是拔去腿部外侧羽毛，用消毒毛笔或小毛刷蘸取稀释后的疫苗涂擦在毛囊上。首免 30 ~ 40 日龄，夏秋季育雏可提前至 10 ~ 20 日龄，二免在开产前进行。

发生鸡痘时，要严格隔离病鸡，剥除的痘痂、假膜或干酪样物质不能随便乱丢，要集中烧毁，同时，消灭蚊虫等传染媒介，对禽舍地面、用具用2%的氢氧化钠溶液进行消毒。

（2）治疗　目前对禽痘无特效的治疗药物，主要是对症治疗，以减轻症状和防止继发感染。

①皮肤型禽痘一般不进行治疗，必要时，可用镊子小心剥离痘痂，伤口用碘酊或紫药水消毒；口腔和喉头黏膜的假膜影响采食和呼吸，可用镊子剥掉，然后涂上碘甘油或抗生素软膏或鱼肝油，以减少死亡；眼部肿胀的病鸡，可将眶下窦中的干酪物挤出，然后用2%硼酸溶液或0.05%高锰酸钾液冲洗，再滴入5%的蛋白银溶液。

②饮水中加入恩诺沙星或其他抗生素防止继发感染，用板蓝根制剂拌料，有较好的治疗效果。

③饲料中增添维生素 A、鱼肝油等有利于病禽康复。

④将大黄、黄柏、姜黄、白芷各 50 克，天南星、陈皮、甘草各 20 克，天花粉 100 克，混合研为细末，备用。临用前取适量药物置于干净容器内，药、酒各半调成糊状，涂于剥除鸡痘痂皮的创面上，每天两次，第三天即可痊愈。

⑤金银花、连翘、板蓝根、赤芍、葛根各 20 克，蝉蜕、甘草、竹叶、桔梗各 10 克，水煎取汁，为 100 只鸡用量，用药液拌料喂服或饮服，连服 3 日，对治疗皮肤与黏膜混合型鸡痘有效。

5. 鉴别诊断

应注意鸡痘与传染性喉气管炎、维生素 A 缺乏症的鉴别诊断，见表 4 – 3。

表 4 – 3　鸡痘与传染性喉气管炎、维生素 A 缺乏症的鉴别诊断表

病名	黏膜型鸡痘	传染性喉气管炎	维生素 A 缺乏症
流行病学	小鸡多发，危害性大，成鸡少发、发病慢呈点发，夏秋季节多发	产蛋鸡多发，小鸡少发，发病急、感染率高、病程短，冬春季节多发	由于饲料中维生素 A 供给不足或消化吸收障碍引起
临床症状	呈现张口伸颈呼吸。往往与皮肤型鸡痘混感，腭裂、咽及口腔黏膜上形成痘斑	眼半睁、流泪、睑部红肿，并有甩血样黏液，呼吸道症状明显	皮肤和黏膜角质化不全或变质、生长发育受阻，羽毛粗乱无光泽
病理剖检变化	喉头气管出血不明显，无血样黏条，痘斑不易剥离，若强行剥离易引起出血或形成红色溃疡面	早期喉头、气管上 1/3 水肿、出血明显，中后期气管内积血样黏条，喉头处形成黄色栓子，易剥离，无痘斑	食道、口腔黏膜上皮角质化形成白色小结节或覆盖一层白色豆腐渣样假膜，假膜易剥离，剥离后黏膜完整无出血和溃疡

十、鸭瘟

1. 概述

鸭瘟又称鸭病毒性肠炎，是由鸭瘟病毒引起的鸭鹅等雁形目动物的一种急性烈性败血性传染病。本病流行广泛，传播速度快，发病率和死亡率高，严重影响养鸭业发展。

2. 临床症状（附录五，图4－10）

鸭瘟自然感染的潜伏期一般3~4天，人工感染潜伏期2~4天。病初体温升高43℃以上，呈稽留热，病鸭精神萎靡、头颈缩起、食欲减退或废绝、饮水量增加、羽毛松乱，两翅下垂，两脚麻痹无力，走动困难，重者卧地不起，强行驱赶时，可见两翅扑地而走，走几步后又蹲伏于地上；病鸭不愿下水，如强迫赶下水，漂浮水面并挣扎上岸。

病鸭特征性症状是头颈部肿胀，部分病鸭头颈部肿大故称"大头瘟"，病鸭流鼻液，流黄绿色口水，呼吸困难，呼吸时发出鼻塞音，叫声嘶哑，个别病鸭频频咳嗽，常伴有湿性啰音。

病鸭流泪和眼睑水肿，眼半闭，初期流出浆液性分泌物，后期变成黏液或脓性分泌物；眼周围羽毛沾湿，后期上下眼睑因分泌物粘连不能张开；严重者眼睑外翻、眼结膜充血或小点状出血，甚至出现溃疡。

病鸭严重下痢，排出绿色或灰白色稀便，泄殖腔黏膜水肿、充血，严重时出现外翻，用手翻开肛门时，可见泄殖腔有黄绿色角质化的假膜，坚硬不易剥离。

3. 病理剖检变化（附录五，图4－10）

病鸭典型特征为全身性败血症，全身的浆膜、黏膜和内脏器官有不同程度的出血斑点或坏死灶。肝脏及消化道黏膜出血和坏死更为典型。

肝脏肿大、边缘略呈钝圆，实质变脆，容易破裂，肝表面有大小不一、边缘不齐、灰白色坏死灶，个别病例坏死灶中央有红色出血点、出血环，有些病例坏死灶呈淡红色，即坏死灶"红染"，该病变为特征性病变，目前未发现其他疾病有此典型病变。

食管黏膜表面有草绿色或无色透明的黏液附着，或覆盖灰黄色或草绿色的假膜状物质，假膜状物质形成斑状结痂或融成一大片，某些病例该结痂呈圆形隆起，大小从针头大至黄豆大，外形较整齐，周围有紫红色出血点；食管黏膜呈纵向出血或散在的出血点或有浅溃疡面。幼鸭病例多见食管整片黏膜脱落，食管黏膜有薄层黄白色膜所覆盖，食管膨大部有少量黄褐色液体，食管与腺胃交界处有一条灰黄色坏死带或出血带。

肠管黏膜发生急性卡他性炎症，以十二指肠、盲肠和直肠最严重，肠黏膜的集合淋巴滤泡肿大坏死，纽扣状溃疡在空肠前后段出现深红色环状出血带，在肠管外明显可见。泄殖腔黏膜表面有一层绿色或褐色块状隆起硬性坏死痂，不易刮落，用刀刮之，发出沙沙的声音，或有出血斑点和不规则的溃疡。

舌根、咽部和上颚部黏膜表面常有淡黄色假膜覆盖，刮落后露出鲜红色和外形不规则的浅溃疡面。

切开肿胀皮肤即流出淡黄色透明液体，全身肌肉柔软松弛，常呈深红色或紫红色，大腿肌肉质地更为松软。

喉头及气管黏膜充血、出血。心冠脂肪、心脏内外膜以及心肌有出血点。肌胃角质层下充血或出血。法氏囊黏膜充血，有针尖样黄色小斑点病灶，疾病后期，囊壁变薄，颜色变深，囊腔充满白色凝固性渗出物。胆囊扩张，充满浓稠的墨绿色胆汁。脾脏一般不肿大或稍肿大，部分病例有灰黄色坏死灶。肾脏肿大有出血点。部分病例的胰腺呈淡红色或灰白色，偶见少数针头大小的出血点或灰色坏死灶。

产蛋母鸭卵泡发生充血、出血、变性和变色，部分卵泡破裂，卵黄散布腹腔引发卵黄性腹膜炎；某些卵泡皱缩，或呈暗红色，质地坚实，剪开流出血红色浓稠的卵黄物质或完全凝固的血块；输卵管黏膜充血出血，个别死亡病例输卵管内有完整的蛋。

4. 防控

目前，还没有针对鸭瘟的特效治疗药物。

坚持自繁自养，严格消毒，不从疫区引种，禁止到疫区放牧；加强饲养管理，搞好环境卫生，提高鸭群抵抗力，孵化室定期消毒，常用消毒药有1%复合酚、0.1%强力消毒剂等；种苗、种蛋及种禽均应来自安全地区。

加强免疫，病愈和人工免疫的鸭均可获得坚强免疫力，雏鸭20日龄首次免疫，2月龄后加强免疫1次，3月龄以上鸭免疫1次，免疫期可达1年。

紧急控制，一旦发生鸭瘟时，立即采取隔离和消毒措施；受威胁区内，所有鸭和鹅均应注射鸭瘟弱毒疫苗进行紧急免疫接种，禁止病鸭外调和出售，防止病毒扩散，淘汰鸭集中加工，经高温处理后利用，病鸭、死鸭应进行无害化处理。

5. 鉴别诊断

应注意与鸭霍乱、鸭流感等疾病相鉴别，见表4-4。

表4-4 鸭瘟与鸭霍乱、鸭流感鉴别表

病名	鸭瘟	鸭霍乱	鸭流感
易感动物	成年鸭、鹅	鸡、鸭、鹅、火鸡、鸽	鸡、鸭、鹅、鹌鹑、鹧鸪
流行性	流行过程达0.5～1个月，死亡率90%以上	病程短，数小时至两天死亡，雏鸡呈流行性发病，死亡率达80%以上，成鸭多为散发性、间歇性流行	病程短，30日龄以下鸭易感性强，死亡快
临床症状	流泪，眼睑肿胀，不能站立，下痢，头颈部肿大，俗称"大头瘟"	精神萎靡，食欲废绝，呼吸困难，口腔和鼻孔流出带泡沫黏液或血水，频频摇头，很快死亡，俗称"摇头瘟"	曲颈、歪头，个别病鸭头向后背，左右摇摆或频频点头，后期角膜浑浊呈灰白色
肝脏症状	肿大，有坏死，形成坏死点红染	表面散布着灰白色针头大较规则的坏死点	肝脏症状不明显

(续表)

病名	鸭瘟	鸭霍乱	鸭流感
其他病理变化	食道和泄殖腔有黄褐色假膜覆盖,腺胃黏膜出血或坏死,肠道形成环状出血和岛屿状坏死	食道泄殖腔病变不明显,胸膜腔的浆膜、尤其心冠沟和心外膜有大量出血点,脾脏呈樱桃红色,肺脏呈弥漫性充血、出血和水肿,肠道黏膜水肿出血	脂肪广泛性出血(腹脂、冠脂等),胰脏出血坏死,输卵管内有脓性分泌物
抗生素、磺胺类药物治疗	无效	疗效很好	无效

十一、鸭病毒性肝炎

1. 概述

鸭病毒性肝炎(DVH)是由鸭肝炎病毒引起雏鸭的一种急性、高度致死性传染病。本病一年四季均可发生,冬春季节多发,饲养管理不善、营养缺乏、鸭舍潮湿拥挤均可促使本病发生。一次严重流行发病率可达100%,死亡率达90%,随着雏鸭日龄增加,发病率和死亡率减少,1周龄雏鸭死亡率达90%,1~3周龄雏鸭死亡率50%,4~5周龄死率非常低。

2. 临床症状(附录五,图4-11)

3周龄以内雏鸭多发病,成鸭感染但不表现症状,潜伏期1~4天,病程短,发病急,死亡快,往往在短时间内出现大批雏鸭死亡,感染雏鸭突然发病,精神萎靡、离群呆立、缩颈垂翅、闭眼嗜睡、羽毛松乱、食欲废绝、常蹲俯或侧卧,发病半天至1天可见神经症状,病鸭不安、步态不稳、身体倾向一侧、头向后背、两脚反复伸蹬,或在地上旋转,出现全身抽搐后十多分钟或几个小时死亡,死鸭往往腹部向上呈仰卧姿势;某些病鸭腹泻排黄白色或绿色稀便,污染泄殖腔周围羽毛,死亡雏鸭喙端及蹼尖淤血呈暗紫色。

3. 病理剖检变化（附录五，图 4 – 11）

本病典型病变在肝脏，最急性型可能无明显病变，典型病例可见肝脏肿大，质脆呈淡红色或黄色，表面有大小不等的出血点或出血斑，胆囊肿大，充满胆汁，呈褐色或淡绿色；有时可见脾脏肿大，斑驳状；肾脏肿大，灰黄色，血管充血呈暗紫色树枝状。近年来，鸭病毒性肝炎与沙门氏菌、曲霉菌混合感染导致脾脏肿胀，呈斑驳状坏死，有资料称为脾脏坏死综合征。

4. 防控

（1）预防　严格消毒，加强饲养管理，坚持自繁自养，不从疫区购进鸭苗。

免疫接种：用鸡胚化鸭病毒性肝炎弱毒苗进行免疫接种，成年种鸭开产前 1 个月注射，每只 1 毫升，间隔 2 周后再加强免疫一次，可维持 6~7 个月，免疫母鸭所产种蛋含有抗体，所孵雏鸭母源抗体可维持 2 周，使雏鸭在最易感日龄免受病毒感染。无母源抗体雏鸭 1 日龄皮下注射鸭病毒性肝炎弱毒苗 0.5 毫升。

（2）治疗　受发病威胁的鸭群或发病早期用鸭病毒性肝炎精制蛋黄抗体或自制的高免血清或高免卵黄可起到预防和治疗作用，用精制蛋黄抗体皮下或肌内注射，发病雏鸭治疗用量，每只 1.0~1.5 毫升，可连续应用 2~3 次。用干扰素等辅助治疗效果更好。

十二、小鹅瘟

1. 概述

小鹅瘟（GP）是由鹅细小病毒引起的小鹅和雏番鸭的一种急性、亚急性，高度接触性传染病。该病主要侵害雏鹅，传播快，死亡率高，成年鹅无症状，给养鹅业造成严重经济损失。

2. 临床症状

该病主要感染 4~20 日龄雏鹅，一月龄以上极少发病。

（1）最急性型　1 周龄以内雏鹅常呈最急性型发病，患鹅常见不到任何明显症状而突然发病死亡。

（2）急性型　15 日龄左右的小鹅常呈急性型，症状最典型。病鹅精神沉郁，缩颈闭目，羽毛松乱，行走困难，离群独处，呆立或蹲伏。

呼吸困难，流鼻涕、摇头、鼻孔污秽，呼吸急促、张口呼吸，喙端蹼尖发绀（附录五，图 4-12-1）。

患病雏鹅初期食欲减少，虽然随群采食但不吞咽，随即甩掉，或采食时在外围乱转，后期食欲废绝，饮欲增加。

严重下痢，排出乳白色或黄绿色，并混有气泡和未消化饲料的稀便（附录五，图 4-12-2），污染周围羽毛，泄殖腔扩张，挤压有乳白色或黄绿色稀便。

一周内的病鹅临死前有头颈扭转、抽搐等神经症状。

（3）亚急性型　20 日龄以上小鹅常呈亚急性型发病，症状较轻，患鹅精神萎靡，消瘦，行动迟缓，站立不稳，喜蹲卧，食欲减退或拒食；拉稀，稀便有气泡和灰白色絮片；部分患鹅可以自愈，但在一段时间内，生长发育受阻。

3. 病理剖检变化（附录五，图 4-12）

特征病变是急性卡他性、纤维素性坏死性肠炎，肠管扩张，肠壁菲薄，呈淡红色或苍白色，不形成溃疡，小肠中后段肠管增大 2~3 倍，肠道内形成灰白色或淡黄色凝固状 2~5 厘米的腊肠状"肠芯"，用剪刀将"肠芯"剪开，中心为深褐色干燥的肠内容物。

病鹅肝脏肿大、淤血。

4. 防控

（1）预防　做好孵化室和鹅舍的清洁消毒工作，降低饲养密度，在饲料中添加微量元素和维生素，提高鹅群抵抗力。

加强免疫接种，种鹅在产蛋前 15 天，用 1：100 稀释的小鹅瘟鸭胚化 GD 弱毒疫苗或鹅胚化弱毒疫苗 1 毫升进行皮下或肌内注射（若用冻干苗，则按瓶签头份），免疫 15 天后所产种蛋孵出的雏鹅可获得天然被动免疫力，免疫期可持续 4 个月，4 个月后再进行免疫，未经免疫或免疫后 4 个月以上的种鹅群所产种蛋，雏鹅出壳后 24 小时内，用鸭胚化 GD 弱毒疫苗作1：（50～100）稀释进行免疫，每只雏鹅皮下注射 0.1 毫升，免疫后 7 天内，严格隔离饲养，严防感染强毒。

（2）治疗　对已感染小鹅瘟病毒的雏鹅群，早期部分患鹅出现症状或有少数死亡病例时，用抗小鹅瘟血清每只雏鹅皮下注射 1.0～1.5 毫升。在抗血清中加入干扰素，效果更好，同时，在饲料中加入抗病毒中药，连用 3～5 天，效果也很好。

小鹅瘟精制蛋黄抗体也有一定的预防和治疗效果，皮下注射或肌内注射，紧急预防量，1 日龄雏鹅，每只 0.5 毫升；2～5 日龄雏鹅，每只 0.5～0.8 毫升。治疗用量，感染发病的雏鹅，每只 1.0～1.5 毫升。

饲料中添加抗生素防止继发细菌感染。

第五章 家禽常见细菌病

一、禽大肠杆菌病

1. 概述

禽大肠杆菌病是由致病性大肠杆菌引起的一种细菌性传染病。大肠杆菌血清型较多，临床症状表现复杂多样，其特征是引起心包炎、气囊炎、肝周炎、腹膜炎、输卵管炎、滑膜炎、大肠杆菌性肉芽肿、脐炎、全眼球性眼炎、肠炎等病变。大肠杆菌由于类型多，又容易产生耐药性，并且多继发或并发其他疾病，给养禽生产带来严重损失。

2. 临床症状（附录五，图 5-1）

大肠杆菌是动物肠道的常在菌，正常情况下，肠道的有益菌和有害菌保持动态平衡，动物发病，若生理环境条件改变，家禽在高度应激的情况下，容易继发或并发本病。可通过消化道、呼吸道、污染的种蛋、人工授精等传播。不分品种、年龄和季节均可发生，饲养管理水平和环境条件越差，发病率和死亡率就越高。

病鸡全身症状为，精神萎靡、呆立一隅、两翅下垂、闭目缩颈，食欲减退或废绝、消瘦，拉黄、灰、白或绿色稀粪。根据鸡的品种、年龄和临床症状与病变不同，病鸡常出现以下典型症状。

脐炎型：主要发生于雏鸡，脐环闭合不全、脐孔周围红肿，并常有皮肤破损、发硬、呈黄色，时间较长者脐孔周围发红或呈紫黑色，后腹部肿大皮薄而呈红色或青紫色，拉稀粪，极为腥臭，将肛门周围羽毛粘连，俗称糊肛。

呼吸型：张口喘息、咳嗽、湿啰音或干啰音。

眼炎型：一般发生于败血型后期，脸部肿胀，一侧或两侧眼睛肿胀、流泪、有脓性分泌物，甚至失明。

卵巢输卵管炎型：主要发生于产蛋期，产蛋减少或停止、破壳蛋畸形蛋增多，蛋壳粗糙、退色变白或发灰、有褐色斑点。病程较长的病鸡后腹部膨大、站立不稳、呈企鹅状。

关节炎型：发生于雏鸡和青年鸡，但发病率低。病鸡关节肿胀、跛行、走路极为困难。

神经型：昏睡、歪头、斜颈、转圈、供给失调、拉稀等。

肿头综合征：头部、眼睛周围、颌下、肉髯及颈部上 2/3 水肿，打喷嚏并发出咯咯声。

急性败血型：主要发生于雏鸡和 4 月龄以下青年鸡，肉仔鸡发病率最高，常与腹水症、慢性呼吸道病、传染性鼻炎等混合感染。发病急，病程短、死亡率高。病鸡精神不佳、眼半闭缩颈呆立、两翅下垂、腹式呼吸、少食或不食；部分病鸡拉灰白色、黄白色或黄绿色稀粪；某些鸡只死前出现仰头、扭颈等神经症状。病程 1~3 天，死亡率可达 50%~80%。

上述类型在临床上可单独发生也可几种混合出现。

3. 病理剖检变化（附录五，图 5-1）

心包炎、肝周炎、气囊炎、腹膜炎、腹腔内和输卵管内有蛋黄样干酪物，气味恶臭为大肠杆菌的主要特征。

脐炎型：脐孔肿大、皮下有暗红色或黑红色液体。卵黄囊吸收不良，充满黄绿色稀薄液体；胆囊胀满、肝脏肿大，质脆呈土黄色或暗红色，有斑驳状或点状出血。小肠胀气，黏膜充血或点状出血；直肠扩张呈囊状充满黄白色或黄绿色稀粪。

气囊炎型（呼吸型）：气囊壁增厚、浑浊，囊内有黄白色干酪样渗出物，某些病例呈现肺水肿，可继发心包炎、肝周炎、腹膜炎。

卵巢输卵管炎型：出现卵黄性腹膜炎，腹腔内充满淡黄色腥臭液体及破裂卵黄，肠粘连，卵巢发炎，卵泡变形或萎缩，呈暗红色，输卵管有黄色干酪样渗出物，或严重扩张内充满蛋白、蛋黄样分泌物。

关节炎型：关节腔蓄积少量黄色黏液，滑膜肿胀。

神经型：脑膜充血、出血，脑脊髓液增加。

肿头综合征：头部、眼部、下颌及颈部皮下有黄色胶样渗出物。

急性败血型：以心包炎、肝周炎、腹膜炎为特征，肝脏肿大或大出血，脾脏充血肿胀；肠道发炎，肠管粘连，有淡黄色或橙黄色腹水。

肉芽肿型：较为少见，多在十二指肠、盲肠等处出现肉芽肿，灰白色肿瘤状小结节，肝表面、肠系膜也可发现。

4. 防控

（1）预防　加强饲养管理，给予合理的营养、通风、密度、温度、湿度、卫生条件，防止应激反应，加强消毒，种蛋入孵前进行消毒，育雏舍要经过清扫、冲洗、喷雾和熏蒸4步消毒。

加强免疫接种，使用大肠杆菌多价苗或大肠杆菌自家灭活苗进行免疫接种。

（2）治疗　中西药结合，抗菌消炎、中和毒素、提高抵抗力。控制原发病或继发病，特别是支原体病两者易混合感染，还要注意控制病毒性疾病，用药1~2个疗程后，要停药一段时间。

选用抗生素类、喹诺酮类、磺胺类等药物治疗，都有一定的疗效，如氧氟沙星、氟苯尼考、头孢噻呋钠等。由于大肠杆菌易产生耐药，最好是通过药敏试验，选择高敏药物。无法做药敏试验的，应选用不常用的药物或新药；复合药物疗效优于单一用药；用药要有足够的剂量和疗程，但应防止中毒。

使用益生菌制剂调整机体内的微生物平衡，如乳酸菌、酵母菌、双歧杆菌等，可以提高鸡群的抗病力，对大肠杆菌引起的肠道菌群失调所致腹泻有显著疗效。

使用中药制剂，如止痢散、鸡痢灵散、黄连解毒散等也有很好的疗效。

使用解毒药物，如维生素 C、葡萄糖等，削减大肠杆菌毒素对机体的伤害。

5. 鉴别诊断

根据本病临床症状和剖检变化的特征性病变，不难诊断，但要想确诊，必须进行细菌分离培养和鉴定，还要注意与沙门氏菌病、支原体病、鼻炎、痛风、葡萄球菌病等的鉴别诊断。

二、鸡白痢

1. 概述

鸡白痢是由鸡白痢沙门氏杆菌引起的雏鸡一种急性、败血性传染病。两周龄以内雏鸡发病率和死亡率很高，成年鸡呈隐性经过，症状不典型，但带菌种鸡可通过种蛋垂直传播给雏鸡，严重影响孵化率和雏鸡成活率，还可通过粪便水平传播。多种家禽、珍禽都会感染发病。

2. 临床症状（附录五，图 5-2）

病禽和带菌禽是主要传染源，主要传播方式是垂直传播，孵化了带菌种蛋，雏鸡出壳 1 周内就可发病死亡，对育雏成活率影响较大。育成期和成年鸡虽有感染，但临床症状不太明显，一旦被污染，很难根除。3 周龄以内雏鸡临床症状典型，怕冷、扎堆儿拥挤在一起、尖叫、两翅下垂、反应迟钝、不食或少食、拉白色糊状稀粪，有时粘着在泄殖腔周围，发生"糊肛"现象，影响排粪，肺型白痢出现张口呼吸症状，最后因呼吸困难及心力衰竭而死。某些病雏出现眼盲，或关节肿胀、跛行。病程一般 4 ~ 7 天，短者 1 天，20 日龄以上鸡只病程较长，病鸡极少死亡。耐过鸡生长发育不良，成为慢性患者或带菌者。

3. 病理剖检变化（附录五，图 5-2）

早期死亡，病理变化不明显，只表现肝脾肿大和淤血、胆囊充盈、肺充血或出血，病程稍长者，表现比较明显。

雏鸡特征病变为肺脏、肝脏、心肌上有黄白色米粒大小的坏死结节。卵黄吸收不全，肝、脾、肾肿胀，有散在或密布的坏死点。肾充血或贫血，肾小管和输尿管充满尿酸盐；盲肠膨大，有干酪样物阻塞，直肠有白色糊状稀粪。

育成鸡肝脏肿大至正常的数倍，质地极脆，一触即破，有散在或较密集的小红点或小白点；脾脏肿大；心脏严重变形、变圆、坏死，心包增厚，心包扩张，心包膜呈黄色不透明，心肌有黄色坏死灶，心脏形成肉芽肿；肠道呈卡他性炎症，直肠形成豌豆粒大小的结节。

慢性带菌的种母鸡出现卵泡变形，种公鸡出现睾丸炎。

4. 防控

净化种鸡群，定期进行鸡白痢检疫，发现病鸡及时淘汰，建立无鸡白痢的健康种鸡群。加强种蛋、孵化机、孵化室、育雏室的消毒。加强育雏饲养管理，鸡舍及用具要清洁消毒，育雏室及运动场清洁干燥，饲料槽及饮水器每天清洗，防止鸡粪污染。育雏室保持适宜的温度和通风，饲养密度适宜，避免拥挤。育雏早期可用敏感药物进行预防。

鸡群发病后，饲料或饮水中添加敏感药物，常用药物有甲砜霉素、氟苯尼考、丁胺卡钠、恩诺沙星等。为了合理用药，应经常分离致病菌株，做药敏试验，并讲究用药途径。

三、禽巴氏杆菌病（禽霍乱）

1. 概述

禽巴氏杆菌病是由多杀性巴氏杆菌引起的主要侵害鸡、鸭、鹅和火鸡的一种接触性传染性疾病，又称禽霍乱或禽出血性败血症。

2. 临床症状（附录五，图5-3）

多杀性巴氏杆菌是条件性致病菌，正常鸡体内都有存在，当饲养管理不当，鸡群抵抗力下降时易发生本病。多种家禽和野鸟都可感染，但鸡、鸭、鹅和火鸡最易感。雏禽有免疫力，很少发病，主要是3～4月龄鸡和成年鸡易感染发病。本病一年四季均可发生和流行，但春秋季节多发。主要通过呼吸道、消化道和皮肤创伤感染。

潜伏期2～9天，临床上可分为最急性、急性和慢性3种类型。

最急性型常发生在暴发的初期，特别是产蛋鸡，没有任何症状，突然倒地，双翅扑腾几下即死亡。

急性型最为常见，表现发烧，少食或不食，精神不振，呼吸急促，鼻和口腔中流出混有泡沫的黏液，拉黄色、灰白色或淡绿色稀粪。鸡冠肉髯青紫色，肉髯肿胀、发热，最后出现痉挛、昏迷而死亡。

慢性多见于流行后期或常发地区，病变常局限于身体的某一部位，某些病鸡一侧或两侧肉髯明显肿大，某些病鸡出现呼吸道症状，鼻腔流黏液，脸部、鼻窦肿大，喉头分泌物增多，病程长达一个月以上，某些病鸡关节肿胀或化脓，出现跛行。

鸭除了有以上症状外，口腔、鼻有黏液流出，呼吸困难，往往张口呼吸，并出现摇头、称为"摇头瘟"。

病鹅的症状与病鸭相似，以急性型为主，表现精神沉郁，食欲废绝，下痢，喉头有黏稠分泌物，喙和蹼发紫，眼结膜有出血点。

3. 病理剖检变化（附录五，图5-3）

最急性病例剖检无明显病变，死亡鸡只冠和肉髯呈黑紫色，心外膜有少许出血点。

急性和慢性病例典型病变为心冠脂肪出血，心包有黄色积液，充满纤维素渗出物；肝脏肿大、质脆、色变淡、表面有很多针尖大小的灰白色或灰黄色坏死点；肌胃出血显著，肠道尤其十二指肠卡他性或出血炎症，肠壁肿胀弥漫性出血，肠内容物有血液，黏膜上覆盖一层黄色纤维素样沉积物。皮下、腹脂、肠系膜、浆膜有出血；呼吸道有炎症，分泌物增多；肉髯水肿或坏死；肺充血或有出血点；有关节炎者关节化脓肿大或干酪样坏死；蛋鸡有蛋黄性腹膜炎。

鸭的病理变化与鸡基本相似，心包内充满透明橙黄色渗出物，心包膜、心冠脂肪有出血斑。多发性肺炎，有气肿和出血。鼻腔黏膜充血或出血。肝脏稍肿大，有针尖状出血点和灰白色坏死点。小肠前段和大肠黏膜充血和出血最严重，小肠后段和盲肠出血较轻。雏鸭为多发性关节炎，关节面粗糙，附着黄色的干酪样物质或红色的肉芽组织，关节囊增厚，内有红色浆液或灰黄色、混浊的黏稠液体。

4. 防控

（1）预防　加强饲养管理，减少应激，严格执行鸡场兽医卫生防疫措施，以栋舍为单位采取全进全出的饲养制度。在霍乱流行地区应考虑免疫接种，可有效防制该病。

（2）治疗　抗菌消炎、对症治疗、提高抵抗力。磺胺类药物、新霉素、土霉素、喹诺酮类对本病均有效。严重病鸡肌内注射庆大霉素。

5. 鉴别诊断

根据临床和剖检变化，不难诊断。要想确诊需要进行细菌分离与鉴定，注意与新城疫鉴别。

四、禽支原体病（慢性呼吸道病）

1. 概述

鸡支原体病又称慢性呼吸道病，是鸡的一种接触性慢性呼吸道传染病。临床特征是上呼吸道及窦黏膜出现炎症，造成头部肿胀、呼吸困难、咳嗽、流鼻液、喷嚏、喘气，母鸡产蛋率下降等。本病的传播有垂直传播和水平传播，尤其垂直传播可造成循环传染。应激因素如气雾免疫、饲养密度过高、通风不良、维生素A缺乏等，可继发本病，造成大规模的发病。

2. 临床症状（附录五，图5-4）

自然感染主要发生于鸡和火鸡，各种龄期的鸡均可感染，以4~8周龄仔鸡最易感，症状明显，成年鸡多呈隐性感染。鸡只感染本病原后，带菌时间很长。

本病多与鸡大肠杆菌、副鸡嗜血杆菌、传染性法氏囊炎毒、新城疫病毒、传染性喉气管炎病毒等混合感染。

幼龄仔鸡发病症状明显，早期出现咳嗽、流鼻涕、打喷嚏、气喘、呼吸道啰音等，后期若发生副鼻窦炎和眶下窦炎时，可见眼睑部乃至整个颜面部肿胀，部分病鸡眼睛流泪，有泡沫样的液体，后期鼻腔和眶下窦中蓄积渗出物，引起一侧或两侧眼睑肿胀、发硬，分泌物覆盖整个眼睛，造成失明。滑液囊感染支原体时，关节肿大，跛行甚至瘫痪。

成年鸡症状与幼仔鸡基本相似，但较缓和，症状不明显，产蛋鸡产蛋率下降，孵化率降低，新孵出的雏鸡活力下降。

本病与大肠杆菌、传染性鼻炎、传染性支气管炎混合感染而出现较为严重的病变，鼻液增加，堵塞鼻孔，气囊炎、易发生肝周炎和心包炎，死亡率增加。

本病呈慢性经过，病程可长达1个月以上，一旦感染很难净化。

3. 病理剖检变化（附录五，图5-4）

本病最明显表现在纤维素性气囊炎、气囊浑浊、壁增厚，上有黄色泡沫状液体，病程久者可见囊壁上有黄色干酪样渗出物。鼻道、眶下窦黏膜水肿、充血、肥厚或出血。窦腔内充满黏液或干酪样渗出物。关节肿大者，关节周围组织水肿、发炎，内有泡沫样光滑黏液或干酪物。

本病与其他病原混合感染而出现较为严重的病变，如局灶性支气管肺炎，肝周炎和心包炎。

4. 防控

（1）预防　加强兽医卫生措施，切断传播途径，不从污染本病的鸡场进鸡，随时剔除有临床症状的病鸡。避免饲养密度过大、潮湿寒冷，氨气刺激等不良条件。

扑灭本病最有效的方法是全群淘汰，采用"全进全出"饲养制度，鸡舍空闲 20~30 天，以重新建立健康鸡群。带鸡消毒，用 0.25% 过氧乙酸或链霉素水溶液、百毒杀等每周喷洒 1~2 次，也可降低该病的发生率。

（2）治疗　抗生素对临床症状轻微的病鸡有一定疗效，合理用药可减少损失。用支原净、北里霉素、泰乐菌素等药物拌料或饮水进行治疗。

5. 鉴别诊断

临床上要注意鸡支原体病与下述几种疾病的区别。

鸡传染性鼻炎的发病日龄及面部肿胀，流鼻液、流泪等症状与本病相似，但通常无明显的气囊病变如气囊浑浊，气囊炎及干酪样物等。

鸡传染性支气管炎表现鸡群急性发病，肾脏、输卵管有特征性病变，成年鸡产蛋量大幅度下降并出现严重畸形蛋，各种抗菌药物均无直接疗效。

鸡传染性喉气管炎表现全群鸡急性发病，严重呼吸困难咳出带血的黏液，很快出现死亡，各种抗菌药物均无直接疗效。

鸡新城疫病表现全群鸡急性发病，症状明显，但消化道严重出血，并且出现神经症状，鸡新城疫病可诱发支原体病，且其严重病症会掩盖支原体病，往往是鸡新城疫症状消失后，支原体病的症状才逐渐显示出来。

禽曲霉菌病病雏呼吸困难，呼吸次数增加，但不伴有啰音；

口渴，下痢，食欲不振，嗜睡，进行性消瘦；常呆立或卧在角落处，伸颈张口喘气，最终由于衰竭和痉挛而死亡。在肺、气囊出现黄白色小米粒至豆大的结节，其内部呈黄白色干酪样，结节还可见于肝、脾、肾、卵巢的表面。而鸡支原体病主要是气囊病变，气囊浑浊、增厚、不透明，严重时，有黄色干酪物，而没有黄色结节。

五、鸡葡萄球菌病

1. 概述

鸡葡萄球菌病是由金黄色葡萄球菌引起的鸡急性或慢性传染病。临诊表现为败血症、关节炎、皮肤溃烂及雏鸡脐炎。金色葡萄球菌在自然界中分布很广，禽类的皮肤、羽毛、肠道等处大量存在，当禽体受到创伤时感染发病，雏鸡脐带感染最常见。本病一年四季均可发生，阴雨潮湿季节，饲养管理不善时多发，以40~60日龄发病最多。

2. 临床症状（附录五，图5-5）

脐炎型：雏鸡脐带吸收不好时容易感染本病，出现脐炎，脐孔周围发炎肿大、变硬呈紫黑色，俗称"大肚脐"。

关节炎型：4~12周龄鸡群多发，病鸡两侧翅部关节、胫跗关节及邻近的腱鞘肿胀、变形、跛行、不愿走动，有热痛感；有的鸡腹泻，严重者瘫伏或伏卧，有的出现趾瘤，脚底肿胀、化脓。

急性败血型：多发生于30~70日龄的中雏，急性败血症突然死亡，病程较长者，精神、食欲不好，低头缩颈呆立，水样下痢，胸翅及腿部下有斑点出血，胸腹部、大腿和翅膀内侧、头部、下颌部和趾部可见皮肤湿润、肿胀，相应部位羽毛潮湿易掉，皮肤呈青紫色或深紫红色，皮下疏松组织较多的部位触之有波动感，皮下潴留渗出液，有时仅见翅膀内侧、翅尖或尾部皮肤形成大小不等出血、糜烂和炎性坏死，局部干燥，呈红色或暗紫色、无毛。该型最严重，造成的损失最大。

眼型：病鸡上下眼睑肿胀，闭眼，有脓性分泌物黏附，眼结膜红肿，眼角分泌物较多，甚至有血液，肉芽肿，病程长者，眼球下陷，导致失明。

3. 病理剖检变化（附录五，图5-5）

剖检变化与临床症状很相似，脐炎型脐孔发炎肿大，腹部皮下充血、出血，有黄色胶冻样渗出物，肝脏有出血点，卵黄吸收不好。急性败血型胸腹部肿胀，呈紫红或黑紫色，剪开后出现皮下出血，有大量胶冻样粉红色或紫色水肿液，肌肉有出血斑或条纹，肝脏肿大呈紫红色，肝、脾有白色坏死点，心包积液呈黄红色，半透明状。关节炎型剖检见关节肿胀处皮下水肿，关节液增多，关节腔内有白色或黄色絮状物。

4. 防控

防止外伤，做好皮肤外伤的消毒处理，防止污染，做好孵化过程及鸡舍的卫生和消毒工作，适时接种鸡痘疫苗预防鸡痘发生，加强饲养管理。

用庆大霉素或卡那霉素针剂肌内注射，效果较好，也可用喹诺酮类、土霉素类拌料均有疗效。

在常发地区频繁使用抗菌药物，疗效日渐降低，应考虑用疫苗接种来控制本病。鸡葡萄球菌病多价氢氧化铝灭活苗，可有效地预防本病发生。

六、鸡传染性鼻炎

1. 概述

鸡传染性鼻炎是由鸡副嗜血杆菌引起的急性呼吸道传染病。本病主要传染鸡，各日龄鸡都易感染，多发生于育成鸡和成年鸡，雏鸡很少发生。产蛋期发病最严重、最典型。病鸡和带菌鸡是本病的主要传染源，可通过呼吸道传染。一年四季都可发生，但寒冷季节多发。该病分布较广，造成鸡只发育停滞，淘汰增加，产蛋鸡产蛋率明显下降，使养鸡业受到较大危害。

2. 临床症状（附录五，图5-6）

该病潜伏期短1~3天，传播速度快，3~5天波及全群。

最显著的症状是流鼻涕、流泪、面部水肿，发生下呼吸道感染时引起啰音，部分鸡尚引起腹泻，此外，公鸡肉髯、母鸡的下颌部分水肿性，母鸡产蛋量下降至停止。据日本学者统计：100%的病例出现流鼻涕、面肿，70%有流泪，56%有下痢，30%排绿便，30%有呼吸杂音和异常，15%见有肉垂和喉头肿胀。

病程依鸡的日龄和菌株的毒力而异，通常经两周左右，症状有消失即恢复，不发生死亡，但其他疾病存在时病程变长，预后各不相同。

3. 病理剖检变化（附录五，图5-6）

鼻腔和鼻窦黏膜呈急性卡他性炎症，黏膜充血肿胀、表面覆有大量黏液，窦内有渗出物凝块，为干酪样坏死物；头部皮下胶样水肿，面部及肉髯皮下水肿，病眼结膜充血、肿胀、分泌物增多，滞留在结膜囊内，剪开后有豆腐渣样、干酪样分泌物；卵泡变性、坏死和萎缩。

4. 防控

（1）预防 加强饲养管理，改善鸡舍通风条件，做好鸡舍内外消毒及病毒性呼吸道疾病的防制。

加强种鸡群监测，淘汰阳性鸡，鸡群实施全进全出，避免带进病原，发现病鸡及早淘汰。加强免疫接种，用油乳剂灭活苗免疫鸡群，25~40日龄首免，100~110日龄二免。

（2）治疗 首选磺胺类药物，如磺胺间甲氧嘧啶、复方新诺明等。鼻炎易复发，并且易继发或并发其他细菌性疾病，治疗时应注意。

配伍中药制剂鼻通、鼻炎净等疗效更好。

应用0.2% ~0.3%过氧乙酸带鸡消毒，对促进治疗有一定效果。

5. 鉴别诊断

根据临床症状和剖检变化可以初诊，确诊需要分离细菌和鉴定。注意该病与禽支原体病、传染性支气管炎、传染性喉气管炎等疾病的鉴别诊断。

七、鸭传染性浆膜炎

1. 概述

鸭传染性浆膜炎是由鸭疫里默氏杆菌引起的，侵害雏鸭的一种慢性或急性败血性传染病，又称鸭疫里默氏菌病。本病主要感染鸭，2~8周龄雏鸭易感，其中2~3周龄最易感，1周龄内和8周龄以上很少感染，主要经呼吸道或皮肤伤口感染，无明显的季节性，一年四季均可发生，冬春季节多发。

近年来本病发病率逐年上升，易发难治，已成为制约养鸭业发展的重要疫病之一。

2. 临床症状（附录五，图5-7）

本病潜伏期一般为1~3天，有时可长达7天，因饲养管理条件的不同，死亡率有很大差异，一般为10%~30%，高的可达50%以上。

幼鸭发病较急，常在应激条件下突然发病，且未见明显症状而很快死亡。

病程稍长的病鸭嗜睡、精神沉郁、离群独处、食欲减退或废绝，摇头缩颈，体温升高，呼吸急促，眼、鼻流出分泌物，眼被污染，两腿无力，运动失调，有的出现神经症状，阵发痉挛，排黄绿色恶臭稀粪。少数病鸭表现跛行和伏地不起等关节炎症状。

1~2月龄的雏鸭呈亚急性或慢性经过，不断鸣叫，共济失调，有时转圈，有时后退，发育不良，逐渐消瘦，衰竭死亡。

3. 病理剖检变化

特征性病变是浆膜上有纤维素性炎性渗出物，以心包膜、肝被膜和气囊壁的炎症为主，其特征是发生纤维素性心包炎、肝周炎、气囊炎及关节炎。

急性病例的病变为全身脱水，肝脾肿大。病程稍长者，浆膜上有纤维素性炎性渗出，主要表现为心包炎、心包积液，心包膜有纤维素性渗出物，肝肿明显大于正常，呈土黄色或灰褐色，质地较脆，表现覆盖一层灰白色或灰黄色纤维素膜，容易剥脱，出现纤维素性肝周炎、气囊炎，腹部气囊后部有黄白色的干酪样渗透出物，有的出现输卵管炎、脑膜炎和关节炎，皮下形成蜂窝织炎，胫踝关节及跗关节肿胀，切开见关节液增多，乳白色黏稠状。

4. 防控

（1）预防　加强饲养管理，搞好环境卫生，注意消毒。鸭舍具有合理的温度、湿度和饲养密度，及时更换垫料，做好通风换气工作，加强鸭只的运动，提高鸭只抵抗力。

加强鸭疫里默氏杆菌灭活苗的免疫接种工作。

（2）治疗　磺胺药物、土霉素、利高霉素及多黏菌素 B 等都有效，注意配伍维生素 C、葡萄糖解毒，中成药拌料可提高疗效。

由于抗菌药物的滥用，细菌耐药性日益增强，在用药时最好先做药敏试验，针对性用药，并及时更换药物，提高疗效。

八、禽曲霉菌病

1. 概述

禽曲霉菌病是由曲霉菌引起的多种禽类的一种常见的霉菌病。各种禽类均易感，幼禽多发，呈急性群发性暴发，发病率和死亡率较高；成年禽多为散发，呈慢性经过。主要侵害呼吸器官，其特征是肺和气囊发生炎症和形成肉芽肿结节，故又称曲霉菌性肺炎，偶见于眼、肝、脑等组织。

本病的发生，与生长真菌的环境有关，常因饲料或垫料被曲霉菌污染，饲养密度过大，通风不良而诱发雏鸡发病。初生雏鸡的感染，是由于在孵化过程中污染了真菌造成的。

2. 临床症状（附录五，图 5 - 8）

病禽精神不振，减食或不食，双翅下垂，羽毛松乱，缩颈呆立，两眼半闭，嗜睡；呼吸困难，喘气，头颈伸直，张口呼吸；排出绿色糊状粪便；行走困难，跛行，不能站立；还有的头肿大、角膜浑浊，形成霉菌型眼炎，个别失明。

3. 病理剖检变化（附录五，图 5 - 8）

病禽肺部形成典型霉菌结节或霉菌斑，粟状米粒大小黄色结节，严重时肺部发炎；气囊浑浊、壁肥厚，形成黄色米粒大小结节或圆盘状结节，圆盘状结节还可见于肝、脾、肾、卵巢的表面，切开结节内容物呈干酪样；肌胃腺胃交界处糜烂，胃肠黏膜有溃疡，肠系膜发黑。

4. 防控

加强通风，保持禽舍干燥，避免饲料和垫料霉变，保持料槽水槽清洁，定期消毒；防止孵化器受真菌污染；育雏室清扫干净，用甲醛液熏蒸或 0.3% 过氧乙酸消毒后，再进雏饲养。

目前，尚无特效治疗方法。可参考使用制霉菌素和克霉唑（三苯甲咪唑）有一定疗效。

第六章　家禽常见寄生虫病

一、鸡球虫病

1. 概述

鸡球虫病是由多种艾美尔球虫寄生于鸡的肠上皮细胞引起的一种原虫病。典型特征贫血、消瘦和血便。

该病一年四季均可发生，4~9 月份为流行季节，特别是 7~8 月份潮湿多雨、气温较高的梅雨季节易暴发。病鸡及其粪便是主要传染源，排出的卵囊污染饲料、饮水、土壤和用具等，人和某些昆虫都可成为传播者。

各品种鸡均易感染，15~50 日龄雏禽发病率高、死亡率高，病愈后生长发育受阻，长期不能康复；成鸡不表现症状，但对增重和产蛋生产一定影响。

饲养管理条件差，鸡舍潮湿拥挤、不卫生时易发病。球虫卵囊的抵抗力较强，对外界环境和一般的消毒剂不敏感，但卵囊对高温和干燥的抵抗力较弱，对氢氧钠溶液、农福较敏感。

2. 临床症状

鸡感染球虫，未出现临床症状之前，采食量明显增加，继而出现精神不振，食欲减退，羽毛松乱，缩颈闭目呆立；贫血，皮肤、冠和肉髯颜色苍白，逐渐消瘦；拉血样粪便，或暗红色、西红柿样粪便，严重者甚至排出鲜血，尾部羽毛被血液或暗红色粪便污染；日龄较大的鸡患球虫病时，一般呈慢性经过，症状较轻，病程长，呈间歇性下痢，饲料报酬低，生产性能不能充分发挥，死亡率低。

3. 病理剖检变化（附录五，图 6-1）

不同种类的艾美尔球虫感染后，其病理变化也不同。

柔嫩艾美尔球虫：盲肠肿大 2～3 倍，呈暗红色，盲肠内集有大量血液、血凝块，浆膜外有出血点、出血斑，盲肠黏膜出血、水肿和坏死，盲肠壁增厚。

毒害艾美尔球虫：损害小肠中段，肠管变粗、增厚，有严重坏死，黏膜上有许多小出血点，肠内有凝血或西红柿样黏性内容物。

巨型艾美尔球虫：损害小肠中段，肠管扩张，肠壁增厚，内容物黏稠呈淡红色。

堆式艾美尔球虫：损害十二指肠和小肠前段，同一段的虫体常聚集在一起，在肠上皮表层发育，被损伤肠段肠壁水肿增厚形成假膜样坏死，出现大量淡白色斑点或斑纹。

哈氏艾美尔球虫：损伤小肠前段，肠壁浆膜上可见米粒大小的出血点，黏膜水肿和严重出血。

若多种球虫混合感染，则肠管粗大，肠黏膜上有大量的出血点，肠管中有大量带有脱落肠上皮细胞的紫黑色血液。

4. 防控

预防：加强饲养管理，保持鸡舍干燥、通风和鸡舍卫生，定期清除粪便，堆放发酵以杀灭卵囊。保持饲料、饮水清洁，笼具、料槽、水槽定期消毒，墙壁、地面用20%石灰水或5%氢氧化钠溶液进行消毒。

药物预防，用抗球虫药进行预防，10～15 日龄开始给药，常用药物有氨丙啉、尼卡巴嗪、球痢灵、克球粉、氯苯胍、常山酮、杀球灵、莫能霉素、拉沙洛菌素、盐霉素、马杜梅素等，为预防球虫在接触药物后产生耐药性，应采用穿插用药、轮换用药或联合用药方案。

免疫预防，使用球虫弱毒疫苗按说明书进行免疫，免疫后 3 周内禁用抗球虫药物，两周内垫料不准更换。

治疗：更换垫料，治疗期间应尽可能保持垫料的干燥。选择球虫药紧急治疗，西药治疗可用磺胺氯吡嗪钠、磺胺喹恶啉、托曲珠利、氨丙啉，拌料或饮水，连用 3～5 天；也可用中药：柴胡 9 克、常山 25 克、苦参 18.5 克、青蒿 10 克、地芋炭 9 克、白茅根 9 克、乌梅 20 克，每只 0.5 克拌料，连用 3 天。在使用抗球虫药治疗的同时，补加维生素 K$_3$，每只每天 1~2 毫克，鱼肝油 10~20 毫升或维生素 A、维生素 D 粉适量，并适当增加多维素用量。

5. 鉴别诊断

根据临床症状及病理变化可初步诊断，确诊可用显微镜检查球虫卵囊。诊断时应与传染性贫血、鸡住白细胞原虫病、磺胺类药物中毒病相区别，见表 6-1。

表 6-1　鸡球虫病与传染性贫血、鸡住白细胞原
虫病、磺胺类药物中毒的鉴别诊断

项目	鸡球虫病	传染性贫血	磺胺类药物中毒	鸡住白细胞原虫病
发病日龄	3~6 周龄雏鸡多发，成鸡感染多呈隐性经过	3 周龄之内雏鸡多发，1 周龄内死亡率高，成鸡感染无症状	有过量、长时间使用磺胺类药物史的家禽	各种年龄鸡均可感染
禽的品种传播途径	肉鸡和蛋鸡均敏感，其他家禽也可感染，主要通过水平传播	肉鸡比蛋鸡敏感，其他家禽不感染，主要通过垂直传播	各类家禽均易发	夏秋季节多发，与传染媒介库蠓的活动有关库蠓为传染媒介
临床症状	病程短，死亡快，病禽血样粪便，呈暗红色、西红柿样粪便	病程长，死亡慢，病禽全身贫血，翅尖、皮下血斑，血液稀薄如水	急性发作，个体大健康鸡死亡率高，鸡群精神委顿，羽毛蓬松，食欲废绝，拉石灰水样粪便	鸡冠、肉髯上有小米粒大小的出血点或结节，死亡时口腔流出稀薄的血液
病理剖检变化	肠管粗大、黏膜有出血点，肠管中有大量紫黑色血液，骨髓、胸腺和法氏囊均无变化	皮下、肌肉广泛性出血，长骨骨髓呈黄白色、淡黄色或淡红色脂肪样病变，胸腺、法氏囊萎缩，	肌肉皮下广泛性出血，肝脏肿胀土黄色，肾脏肿胀、花斑肾，输尿管有大量尿酸盐，严重时肾脏、肾被膜下出血	肌肉、胰脏、肠浆膜、心脏、肠系膜、脂肪组织上有隆起状的出血和孢子囊，肾脏、脾脏肿胀，被膜下出血
实验室显微镜检验	可见大量球虫卵囊	红细胞、白细胞、血小板数量减少		可见虫体

二、鸡住白细胞原虫病（白冠病）

1. 概述

鸡住白细胞原虫病是由住白细胞原虫侵害血液和内脏器官的组织细胞而引起的一种原虫病，称鸡住白细胞原虫病，俗称白冠病。其特征是病鸡冠、肉髯苍白、严重贫血、草绿色下痢，死前喀血，可引起鸡大批死亡。

本病的发生有明显的季节性，我国南方多发生于 4～6 月，中部 6～8 月，北方多发生于 7～9 月。各个年龄的鸡都能感染，但以 3～6 周龄的雏鸡发病率较高。肉鸡感染后鸡只消瘦，增重减慢。本病主要通过库蠓等昆虫叮咬传播，故靠近池塘、水沟、杂草丛生的地方易发生此病。

2. 临床症状（附录五，图 6－2）

病鸡精神沉郁，食欲不振，流涎，下痢，粪便呈草绿色或黑色，病鸡贫血严重，鸡冠和肉髯苍白，有的可在鸡冠上出现米粒大小的梭状出血或坏死，蛋鸡产蛋率下降，严重者因喀血、出血、呼吸困难而突然死亡，死前口腔、鼻腔流出的血液稀薄如水。

3. 病理剖检变化（附录五，图 6－2）

特征病变是肠系膜、肠管浆膜、体腔脂肪表面、肌肉、肝脏、胰脏、气囊的表面有针尖大至粟粒大与周围组织有明显界限的黄白色小结节和出血点；肌肉特别是胸肌和腿部肌肉散在明显的梭状或斑块状出血或坏死；肝脏肿大，表面有散在的出血斑点；双侧肺充血；肾脏肿胀，被膜下广泛性出血，严重时大部分或整个肾脏被血凝块覆盖；心脏、脾脏、胰脏、腺胃、肠系膜、肠浆膜、输卵管、腹部脂肪形成梅花状或隆起状出血，卵巢变性、卵泡萎缩或破裂。

4. 防控

消灭库蠓等吸血昆虫是预防本病的主要环节，清除鸡舍周围杂草，填平臭水沟等，达到消灭或减少库蠓等吸血昆虫的目的，库蠓成虫多于晚间飞入鸡舍吸血，每隔 6 ~ 7 天用杀虫剂进行喷雾，可收到很好的预防效果，或安装细孔的纱门、纱窗防止库蠓进入，在流行季节前，可对鸡群进行预防性投药。

可选用复方磺胺-5-甲氧嘧啶、磺胺-6-甲氧嘧啶、复方泰灭净、克球粉等拌料或饮水，进行预防或治疗。磺胺类连续服用时，常常会发生中毒，为防止药物中毒，可连续用药 5 天，停药 2 ~ 3 天，然后再重复使用，在同一鸡场，为防止产生耐药性，可交替使用上述药物。

复方磺胺-5-甲氧嘧啶，按 0.03% 拌料，连用 5 ~ 7 天。磺胺-6-甲氧嘧啶，按 0.1% 拌料，连用 4 ~ 5 天。复方泰灭净，按 0.05% ~ 0.1% 拌料投喂连用 4 ~ 5 天。

中药可用：青蒿 20 克、黄连 20 克、菖蒲 10 克、仙鹤草 20 克、五倍子 10 克、甘草 5 克等，每只成鸡每天 1 克内服，3 ~ 5 天一疗程。饮水中添加维生素 K_3，效果较好。

三、禽组织滴虫病

1. 概述

组织滴虫病又名盲肠肝炎或黑头病，是由组织滴虫属的火鸡组织滴虫，寄生于禽类的盲肠和肝脏引起的一种原虫病。本病特征是肝脏呈榆钱样坏死，盲肠发炎呈一侧或双侧肿大；多发于火鸡雏和雏鸡，也发生于野鸡、孔雀和鹌鹑等。

2. 临床症状

多感染 2 ~ 6 周龄鸡，5 ~ 6 月龄的成年鸡很少呈现临床症状。病鸡首先表现精神委顿，食欲减退或废绝，羽毛粗乱，翅膀下垂，身体蜷缩，畏寒怕冷，打瞌睡，行走如踩高跷步态；下痢，排出淡黄色稀粪，严重时，排出的粪便带血或完全是血液。有些病鸡，特别是病火鸡的面部皮肤变成紫蓝色或黑色，故称该病为"黑头病"。

3. 病理剖检变化

组织滴虫病的损害常限于盲肠和肝脏，引起盲肠炎和肝炎，故又称该病为"盲肠肝炎"。

盲肠肿大，肠壁肥厚和紧实，呈香肠状，肠腔内容物干燥坚实，变成一段干酪样的凝固栓子，堵塞肠腔，把栓子横向切开，可见切面呈同心层状，中心是黑色的凝固血块，外面包裹着灰白色或淡黄色的渗出物和坏死物质；盲肠黏膜发炎出血，形成溃疡，表面附有干酪样的坏死物，这种溃疡可达到肠壁的深层，偶见发生肠壁穿孔，引起腹膜炎而死亡。

肝脏的病变具有特征性，体积增大，表面形成一种圆形或不规则的、稍微凹陷的溃疡病灶，溃疡呈淡黄色或淡绿色，边缘稍微隆起，形状像"榆钱"样。溃疡病灶的大小和多少不一，有时可互相连接成大片的溃疡区。

4. 防控

搞好禽舍日常管理工作，保持禽舍干燥卫生。成年鸡无症状，但体内能够携带原虫，必须与幼鸡分开饲养。异刺线虫的虫卵能够携带组织滴虫，阳光照射和干燥可以有效的杀灭异刺线虫虫卵，定期给鸡驱除异刺线虫，对于预防组织滴虫病的发生具有很重要的意义。

治疗可选用地美硝唑等。本病常伴有细菌的继发感染，为减少死亡，在应用上述药物时，可适当并用广谱抗生素。另外，还可采取对症治疗，为阻止盲肠虫体，促进盲肠与肝脏损伤的恢复，可添加维生素 K_3、鱼肝油和保肝护肝药物。

四、禽蛔虫病

1. 概述

　　禽蛔虫病是由禽蛔科，禽蛔属的线虫寄生于家禽肠道内引起的疾病。各种蛔虫具有相似的生活史，并引起相似的病理变化，但它们的寄生具有种特异性，如鸡蛔虫寄生于鸡，鸽蛔虫寄生于鸽。

　　禽因吞食了被感染性虫卵污染的饲料或饮水而感染。3～4月龄以内的雏禽最易感染和发病，一岁以上的禽只多为带虫者，采用地面平养，或大小混养的鸡群多发，饲料中动物性蛋白质过少，维生素 A 和各种维生素 B 缺乏，以及赖氨酸和钙不足等，均会引起家禽的易感性增强。

2. 临床症状（附录五，图 6－4）

　　雏禽常表现为生长发育不良，精神沉郁，羽毛松乱，行动迟缓，食欲不振，下痢，有时粪中混有带血黏液，消瘦、贫血，眼结膜、鸡冠苍白，最终可因衰弱而死亡，严重感染者可造成肠堵塞导致死亡；成年家禽一般不表现症状，但严重感染时表现下痢、产蛋量下降和贫血等。

3. 病理剖检变化（附录五，图 6－4）

　　肠道黏膜发炎、出血，肠壁增厚，肠壁上有颗粒状化脓灶或结节，严重感染时可见大量虫体聚集于十二指肠和小肠，相互缠结，引起肠阻塞，甚至肠破裂和腹膜炎。

4. 防控

　　实行全进全出制，鸡舍及运动场地面认真清理消毒；搞好环境卫生；及时清除粪便，堆积发酵，杀灭虫卵；饲槽、用具要清洁消毒；雏禽应与成禽分群饲养，雏禽采用笼养或网上饲养，使鸡与粪便隔离，减少感染机会；定期驱虫。

　　发病禽群用丙硫咪唑、左旋咪唑、噻苯唑、伊维菌素或驱蛔灵等拌料饲喂，注意补充维生素 A 和消除肠道炎症，加速肠黏膜的修复。

五、禽绦虫病

1. 概述

绦虫病是由绦虫寄生在禽类的肠道而引起的一类寄生虫病。本病多发生在中间宿主活跃的 4 ~ 9 月。各种年龄的禽只均可感染，但以雏禽的易感性更强，25 ~ 40 日龄的雏禽发病率和死亡率最高，成禽多为带虫者。饲养管理条件差、营养不良的禽群，本病易发生和流行。

2. 临床症状（附录五，图 6 - 5）

少量寄生不影响鸡的生长发育，大量寄生时，虫体集聚成团可导致肠管堵塞，虫体的代谢产物可引起中毒反应，出现神经症状，肠道阻塞严重时，可引起死亡。病禽消化不良，下痢，粪便稀薄或混有血样黏液，粪便中可发现白色米粒样的孕卵节片，夏季气温高时，可见节片向粪便周围蠕动，病禽消瘦精神沉郁，渴欲增加，双翅下垂，羽毛逆立，生长缓慢，严重者出现贫血，黏膜和冠髯苍白，最后衰弱死亡。蛋禽产蛋率下降甚至停止。

3. 病理剖检变化（附录五，图 6 - 5）

病禽小肠内有一条或多条白色虫体存在，虫体头节吸附在肠壁上，体节游离在肠腔中，呈扁平结节状、条状，数量多时充满整个肠腔，造成堵塞，肠管增粗，小肠内黏液增多、恶臭，肠黏膜炎症、增厚，上有苍白色或红色点状结节。肌肉苍白或黄疸；肝脏土黄色。

4. 防控

改善环境卫生，及时清除粪便，集中发酵以杀死虫卵；禽舍及周围要经常打扫，消灭甲虫、苍蝇、蜗牛等中间宿主，并防止滋生。采用笼养或网上饲养，对散养鸡要定期驱虫。

用氯硝柳胺（灭绦灵）、丙硫咪唑，硫双二氯酚、吡喹酮、南瓜籽或槟榔等治疗都有良好效果。治疗时，应该增加饲料中维生素 A 和维生素 K 的含量，适量加入抗菌药物防止肠道梭菌混合感染，同时，应加强饲养管理，增加饲料的营养。

第七章　家禽常见中毒病

一、一氧化碳中毒

1. 概述

一氧化碳中毒即煤气中毒，是由于家禽吸入浓度过高的一氧化碳所引起的血液中碳氧血红蛋白含量高、全身组织缺氧的中毒性疾病。

冬季禽舍燃煤取暖，煤炭燃烧不全可产生大量的一氧化碳。如果煤炉装置不当（如烟道漏气、堵塞、倒烟）或室内通风不良，一氧化碳不能及时排出，就会造成空气中一氧化碳浓度持续增高而导致禽类中毒。

2. 临床症状（附录五，图 7 - 1）

急性中毒时，病禽表现精神不安，嗜睡，呆立，痉挛，呼吸困难，运动失调，不能站立，倒于一侧，头向后仰，大批死亡。亚急性中毒的病禽，则表现羽毛蓬松，精神沉郁，食量减少，生长缓慢。

3. 病理剖检变化（附录五，图 7 - 1）

病禽全身各组织器官和血液均呈鲜红色或樱桃红色；肺脏淤血，切面流出大量粉红色泡沫状液体；心血管淤血，血液凝固不良，心包积液；肝脏轻度肿胀、淤血呈樱桃红，个别肝脏实质或边缘呈灰白色斑块状或条状坏死；脾脏和肾脏淤血、出血；脑膜充血、出血。

慢性中毒时病变不明显。

4. 防控

经常检查育雏室及禽舍的取暖设备，防止漏烟、倒烟；禽舍内要设通风孔，使室内通风良好，以防一氧化碳蓄积；发现家禽一氧化碳中毒时，应立即打开门窗通风换气，或将病禽移入空气新鲜的禽舍；同时，抢修煤炉，解决供暖；饮水中可添加水溶性维生素和葡萄糖，并配以适当的抗菌药物，预防继发呼吸道疾病。严重者，补充维生素 C、5% 葡萄糖溶液以及强心剂对症治疗。

二、痢菌净中毒

1. 概述

痢菌净属于卡巴氧类化合物，家禽对痢菌净较为敏感，应用时如果不按要求，剂量过大或长期使用则会引起急性和蓄积中毒，给养殖业造成极大的经济损失。

2. 临床症状

鸡群表现精神沉郁，羽毛松乱，采食和饮水减少或废绝，头部皮肤呈暗紫色，排淡黄色、灰白色水样稀粪；部分病鸡出现瘫痪，两翅下垂，逐渐发展成头颈部后仰，弯曲，角弓反张、抽搐倒地而死；死亡率较高，持续时间长，可持续到 15～20 天。

3. 病理剖检变化

尸体脱水，肌肉呈暗紫色，腺胃肿胀，腺胃乳头暗红色出血，肌胃角质层脱落出血、溃疡；肝脏肿大呈暗红色、质脆易碎；肾脏出血，心脏松弛，心内膜及心肌有散在出血点；肠道黏膜弥漫性充血，肠腔空虚，小肠前部有黏稠、淡灰色稀薄内容物，泄殖腔严重充血；产蛋鸡中毒，腹腔内有发育不全的卵黄及严重的腹膜炎症。

4. 防控

鸡痢菌净中毒的治疗无特效解毒药，立即停止饲喂超量的痢菌净拌料和饮水，将已出现神经症状和瘫痪的病鸡挑出予以淘汰；中毒鸡群先用0.1%的芒硝饮水，再使用5%~8%葡萄糖和0.04%的维生素C饮水，连用3天，同时每50千克饲料加入维生素A、维生素D_3粉、含硒维生素E粉各50克拌料，连喂5~7天；也可在饮水中加复合维生素制剂，连用3天。

三、磺胺类药物中毒

1. 概述

磺胺类药物是用化学方法合成的一类药物，具有抗菌谱广，疗效确切，价格便宜等优点，常用于鸡球虫病、禽霍乱、鸡白痢等病的防治；磺胺类药物的治疗量与中毒量接近，且家禽较敏感，因此，使用剂量过大、连续用药时间过长或者拌料时搅拌不匀均可引起中毒。

2. 临床症状

幼禽表现为精神沉郁，冠苍白，厌食、渴欲增加和腹泻；严重时，表现不安、摇头伸颈，共济失调、肌肉颤抖、惊厥死亡；成年母禽产蛋量明显下降，蛋壳变薄且粗糙，蛋壳退色或产软壳蛋。

3. 病理剖检变化

中毒家禽表现为出血综合征。出血可发生于皮肤、肌肉及内脏器官，也可见于头部、冠髯；出血凝固时间延长，骨髓由暗红变为淡红甚至黄色；腺胃及肌胃角质膜下出血，整个肠道有出血斑点；肝脏、脾脏肿大，有散在出血与坏死灶。心肌呈刷状出血，肺充血与水肿；肾脏肿大，肾小管内析出磺胺结晶而造成肾阻塞与损伤，形成花斑肾。

4. 防控

对1月龄以下的雏鸡和产蛋鸡应避免使用磺胺类药物；各种磺胺类药物的治疗剂量不同，应严格掌握，防止超量，连续用药时间不得超过 5 天；选用含有增效剂的磺胺类药物，如复方敌菌净、复方新诺明等，治疗肠道疾病，应选用肠内吸收率较低的磺胺类药；用药期间务必供给充足的饮水。

发现中毒后立即停药，供给充足的饮水，在饮水中加 1% ~ 2% 的小苏打，饲料中加维生素 K_3，连用数日直至症状基本消失。

四、有机磷农药中毒

1. 概述

有机磷农药中毒是指鸡误食、吸入或皮肤接触有机磷农药，而引起胆碱酯酶失活的中毒病。

对农药管理或使用不当，致使鸡中毒；采食喷洒过农药不久的蔬菜、农作物或牧草；饮水或饲料被农药污染；防治寄生虫时药物使用不当等均可引发禽类有机磷农药中毒。

2. 临床症状

最急性病例往往无明显症状，突然死亡；典型病例表现为流涎、流泪、瞳孔缩小，肌肉震颤、无力，共济失调，呼吸困难，冠髯发绀，下痢，最后呈昏迷状态，体温下降，卧地不起，窒息死亡。

3. 病理剖检变化

中毒病禽胃肠黏膜充血、肿胀，易脱落，剖检时，有一种特殊的蒜臭味，病程长者有坏死性肠炎；肺脏充血水肿，肝脏、脾脏肿大，肾脏肿胀，被膜易剥离；心脏点状出血，皮下、肌肉有出血点。

4. 防控

经皮肤接触中毒者，可用肥皂水或 2% 碳酸氢钠溶液冲洗（敌百虫中毒不可用碱性药液冲洗）。经消化道中毒的，可切开嗉囊排除含毒内容物。

常用特效解毒药物有双复磷或双解磷，同时配合1%硫酸阿托品，按药物说明肌内注射；饮水中加入电解多维和5%葡萄糖溶液，有助解毒。

五、食盐中毒

1. 概述

食盐中毒是指家禽摄取食盐过多或连续摄取食盐而饮水不足，导致中枢神经机能障碍的疾病。

饲料中过量添加食盐、含盐量高的鱼粉或其他富含食盐的副产品，同时，饮水不足，是食盐中毒的重要原因；饲料中维生素E、钙、镁及含硫氨基酸等缺乏时，可增加食盐中毒的敏感性。

2. 临床症状

中毒初期，病鸡精神委顿，食欲不振或废绝，渴感强烈，频频饮水，嗉囊因饮水过量而扩张，倒提时从口鼻流出多量液体；皮肤极度干燥、发亮并呈蜡黄色，羽毛较易脱落；病雏有少量的腹水，手触腹部有波动感，皮下水肿；出现严重下痢，排出黄褐色或灰褐色甚至水样稀便；严重时，肌肉震颤，运动失调，两腿无力或完全瘫痪，呼吸困难，皮肤青紫，出现痉挛、抽搐，最后衰竭而死。

慢性中毒的病雏生长迟缓，长期拉稀，饲料利用率降低，成年鸡产蛋量下降；雏鸭还表现不断鸣叫，盲目冲撞，头颈后仰、仰卧或侧卧，两肢划船状踢蹬，头颈弯曲，不断挣扎，很快死亡。

3. 病理剖检变化

中毒病鸡嗉囊内充满黏性液体，黏膜脱落，腺胃黏膜充血，有时形成假膜，小肠发生急性卡他性肠炎或出血性肠炎，病程稍长者，可见皮下有白色胶胨样渗出、肺部水肿、淤血；腹腔和心包积水；脑膜血管显著充血扩张，有的可见点状出血；肝脏淤血、变硬，有出血斑点；严重病例肾脏肿胀、淤血及心肌出血。

4. 防控

我国营养标准，食盐在鸡配合饲料中的含量应为0.37%，在计算饲料配方时，应将原料中咸鱼粉或其他含盐副产品中的盐分计算在内，使全价料中含食盐总量不超过0.37%。

鸡群食盐中毒时，应立即更换饲料，停止在饲料中加食盐，少量多次给予清洁饮水或饮用5%的糖水，也可再加入0.5%的醋酸钾和适量维生素C，连用3~4天；中毒较轻者往往不治而愈。

第八章　家禽常见普通病

一、啄癖

1. 概述

啄癖是啄肛癖、啄羽癖、啄趾癖、啄蛋癖等恶癖的统称，是由于管理不善、营养缺乏及其代谢障碍所致的一种综合征，诱发因素如下。

管理因素：鸡舍潮湿，温度过高，通风不畅，空气中有害气体浓度高，光照过强，密度过大，缺乏充足的运动，食槽少或摆放不合理，饲喂时间不规律，群体过大等。

营养因素：饲料配合不当，蛋白质含量偏低，氨基酸不平衡，维生素、微量元素、食盐缺乏等是引起啄癖的主要原因。

疾病因素：传染性法氏囊病、腹泻性疾病、输卵管炎和外寄生虫侵袭等。

激素因素：母鸡即将开产时血液中所含的雌激素和孕酮，公鸡雄激素的增长，都是促使啄癖倾向增强的因素。

2. 临床症状

啄肛癖：雏鸡和产蛋鸡最为常见，尤其是雏鸡患鸡白痢时，肛门周围羽毛粘有白灰样粪便，其他雏鸡不断啄食病鸡肛门，造成肛门破伤和出血，严重时直肠脱出，很快死亡；产蛋鸡产蛋时泄殖腔外翻，被待产母鸡看见后啄食，往往引起输卵管脱垂和泄殖腔炎。

啄羽癖：多与含硫氨基酸和 B 族维生素缺乏有关，各种年龄的鸡群均可发生，常见于产蛋高峰期和换羽期，表现为自食羽毛或互相啄食羽毛，有的鸡只被啄去尾羽、背羽，几乎成为"秃鸡"或被啄得鲜血淋淋。

啄趾癖：多发生在雏鸡，表现啄食脚趾，引起流血或跛行，有的甚至脚趾被啄光。

啄蛋癖：主要发生于产蛋鸡群，尤其是高产蛋鸡，表现为自产自食和互相啄蛋现象，多与饲料中缺钙或蛋白质含量不足有关。

3. 防控

加强饲养管理改善饲养环境，保持鸡舍通风良好，饲养密度不宜过大，光线不能太强，食槽、饮水器应足够，喂饲应定时、定量，尤其不能过晚。

断喙能减少啄癖的发生率及减轻损伤。

提供全价日粮，特别是必须氨基酸（如蛋氨酸、赖氨酸、色氨酸等）、维生素和微量元素的补充，在日粮中添加0.2%的蛋氨酸，能够减少啄癖的发生；啄羽癖可能是由于饲料中硫化物不足引起，可在饲料中添加1%的硫酸钠或1%～2%的生石膏粉，连用5～7天；有的啄癖是由于饲料中缺乏食盐所引起，可用1%的食盐水饮水2～3天，之后停饮，在饲料中保证食盐的合理供给，应注意避免食盐中毒。

一旦发现鸡群发生啄癖，应立即将被啄的鸡只移出饲养，对有啄癖习惯的鸡也可单独饲养或淘汰。有外伤、脱肛的病鸡应及时隔离饲养和治疗，在被啄部位涂上有异味的消毒药膏及药液，如鱼石脂、磺胺软膏、碘酒、紫药水等，切忌涂红药水。

二、痛风

1. 概述

痛风是机体尿酸生成过多或尿酸排泄障碍所引起的尿酸盐代谢障碍，以高尿酸血症和各器官组织尿酸盐沉积为病理特征的营养代谢性疾病。

发生痛风的原因是，饲料蛋白含量过高，使用劣质蛋白饲料，氨基酸不均衡，导致尿酸生成量过大；疾病引起的肾损伤；育雏温度过高或过低、缺水、饲料变质、盐分过高、维生素 A 缺乏、饲料中钙磷过高或比例不当等。

2. 临床症状

病禽开始无明显症状，逐渐表现为精神萎靡，食欲不振，饮欲增加，消瘦贫血，鸡冠萎缩、苍白，严重脱水；泄殖腔松弛，不自主地排白色稀便，污染泄殖腔下部的羽毛；关节肿胀，不愿走动，严重时出现瘫痪，幼雏痛风，出壳 10 日龄至数日，死亡率为 10%~80%，排白色粪便（附录五：图谱 8−2）。

3. 病理剖检变化（附录五，图 8−2）

病禽心脏、肝脏、肺脏、脾脏、气囊、腹膜、肠系膜、腺胃、肌胃及交界处等覆盖一层白色尿酸盐，似石灰样白膜；肾脏肿大，颜色变浅，输尿管变粗，内含有大量白色尿酸盐，形成花斑肾；关节内充满白色黏稠液体，严重时关节组织发生溃疡、坏死、有大量白色尿酸盐沉积；皮下、肌肉有白色尿酸盐沉积。

4. 防控

加强饲养管理，保证饲料的质量和全价的营养，尤其不能缺乏维生素 A；不长期使用或过量使用对肾脏有损害的药物及消毒剂，如磺胺类药物、庆大霉素、卡那霉素、链霉素等；降低饲料中蛋白质的水平，增加维生素的含量，特别是维生素 A 和维生素 B_{12}，给予充足的饮水；饲料和饮水中添加减少尿酸盐形成和促进尿酸盐排出的药物，如碳酸氢钠等。

三、肉鸡腹水综合征

1. 概述

肉鸡腹水综合征是一种由多种致病因子共同作用引起的以右

心室肥大扩张和腹腔内积聚大量浆液性淡黄色液体为特征，并伴有明显的心、肺、肝等内脏器官病理性损伤的营养代谢病。

诱发因素：鸡舍通风换气不足、缺氧，有害气体和尘埃积聚，对机体肺脏、肝脏和肾脏造成损害；饲料霉变，营养水平过高，生长速度过快；鸡通过饲料和饮水摄入过量的钠；维生素 E、铜、铁、锌、锰、硒的缺乏；饲料中的钴、植物芥子酸、某些生物碱及滥用磺胺类、呋喃类药物；呼吸道疾病导致肉鸡支气管、肺部炎症，可继发腹水征；光线太强、光照时间过长时易形成腹水征。

2. 临床症状

病鸡腹部膨大（附录五，图 8 - 3 - 1），两腿叉开，站立不稳，成犬坐姿势，行为迟钝，呼吸困难，冠和肉髯呈紫红色。

3. 病理剖检变化（附录五，图 8 - 3）

腹腔内有纤维蛋白凝块，积有大量液体，液体清亮，呈黄褐色或棕红色；心包积液，心脏肥大，右心明显扩张，心肌松弛无力（图 8 - 3 - 4）；肝脏淤血，边缘钝厚变圆，肝表面渗出大量淡黄色胶样物，形成肝包膜水泡囊肿（图 8 - 3 - 5），后期引起肝脏硬化、萎缩变小（图 8 - 3 - 6）；肺部淤血，肾脏肿胀淤血（图 8 - 3 - 3）；消化道淤血出血明显。

4. 防控

加强饲养管理，保证鸡舍良好的通风换气，经长途运输的雏鸡禁止暴饮；控制饲喂，减缓肉鸡早期的生长速度。10 ~ 15 日龄起，晚间关灯，一周后可自由采食；每吨饲料中添加维生素 C 500 克、维生素 E 2 万国际单位，有较好的预防效果；冬季地面散养鸡要加厚垫料，供给温水，控制大肠杆菌病、慢性呼吸道病和传染性支气管炎等的发生；避免药物中毒。

对症治疗和预防继发感染，同时加强舍内外卫生管理和消毒。

使用脲酶抑制剂，可降低患腹水征肉鸡的死亡率；使用渗湿利水中草药对该病有一定疗效。对于重症病鸡，可用 12 号针头刺入病鸡腹腔先抽出腹水，然后注入青链霉素各 2 万国际单位，经 2~4 次治疗后可使部分病鸡康复。喂服维生素 C、维生素 E 和抗生素，给病鸡皮下注射 1~2 次 1 克/升亚硒酸钠 0.1 毫升，饲料中添加保肝护肾的中药。

第九章　家禽常见营养代谢病

一、蛋白质与氨基酸缺乏症

1. 概述

蛋白质与氨基酸缺乏症是配合饲料中蛋白质含量过低，或蛋白质品质差缺乏必需氨基酸，或动物消化吸收率下降导致对蛋白质和氨基酸的吸收差而引起家禽生长缓慢、生产性能下降等为特征的营养缺乏性疾病。

2. 临床症状

蛋白质或必需氨基酸缺乏，家禽生长缓慢，生产性能下降；各种必需氨基酸有不同的营养功能，缺乏时引起不同的症状。

赖氨酸缺乏时，雏禽生长停滞，皮下脂肪减少、消瘦，贫血、红细胞及白细胞数量减少，生殖功能也受影响。

蛋氨酸缺乏时，家禽发育不良，肌肉萎缩，羽毛变质，肝肾机能破坏，使胆碱或维生素 B_{12} 缺乏症加剧；产蛋率下降、蛋重减轻。

甘氨酸缺乏时，出现麻痹现象，羽毛发育不良。

缬氨酸不足时，生长停滞，运动失调。

苯丙氨酸缺乏时，甲状腺和肾上腺机能受到破坏。

精氨酸缺乏时，生长停止、体重迅速下降，消瘦、虚弱无力，雏禽翅膀羽毛向上翻卷、蓬乱；公禽精子活性受到抑制，受精率下降。

甘氨酸缺乏时，肌肉中的肌酸含量下降，机体虚弱无力，生长迟滞，羽毛生长受阻。

色氨酸缺乏时，生长停滞，脂肪沉积减少，羽毛脱落，容易出现皮肤炎症。

亮氨酸与异亮氨酸缺乏时，体重迅速下降。

组氨酸缺乏时，红细胞数量及血红蛋白含量下降，出现一系列与贫血有关的症状。

色氨酸、苏氨酸、亮氨酸、组氨酸等缺乏都能引起生长停滞、体重下降。

3. 防控

平时合理搭配饲料，最好用全价饲料喂家禽，在配合饲料时，要注意蛋白质的数量、质量和来源。

由其他疾病引起家禽食欲不振，则应及时作出确诊，治疗原发病，消除病因、病原，提高机体的抗病能力和修复能力，补充多种维生素，同时，补充一定量的蛋白质饲料和氨基酸添加剂。

二、维生素 A 缺乏症

1. 概述

维生素 A 缺乏症是由于家禽缺乏维生素 A 引起的以内分泌紊乱，上皮角质化和角膜、结膜、气管、食管黏膜角质化、夜盲症、干眼病、生长迟滞等为特征的营养缺乏性疾病。

2. 临床症状

雏鸡和初开产鸡主要表现为厌食，生长停滞，消瘦，倦怠，衰弱，羽毛松乱无光泽易折断，运动失调，瘫痪，不能站立。黄色鸡种胚、喙色素消退，冠和肉髯苍白萎缩；眼睑发炎或粘连，鼻孔和眼睛流出黏性分泌物，眼睑肿胀，蓄积有干酪样的渗出物，角膜浑浊不透明，严重者角膜软化或穿孔失明；成年鸡通常在 2~5 个月内出现症状，一般呈慢性经过。母鸡产蛋量和孵化率降低，公鸡繁殖力下降，精液品质下降，受精率低。

3. 病理剖检变化

病鸡口腔、咽、食管黏膜上有小脓包样病变，破溃后形成小的溃疡。支气管黏膜可能覆盖一层很薄的伪膜。结膜囊或鼻窦肿胀，内有黏性的或干酪样的渗出物；严重时肾脏呈灰白色，有尿酸盐沉积；小脑肿胀，脑膜水肿，有微小出血点。

4. 防控

根据不同家禽的饲养标准添加足量的维生素 A，是防止本病发生的重要环节。

鸡群发生本病时，可用优质维生素 A、维生素 D_3 粉或鱼肝油，剂量为 2 克/千克饲料，或单项维生素 A，剂量为 5 000～10 000国际单位/千克饲料进行全群治疗。重症病鸡可同时用进口"速补14"、"速补18"、"速补20"或国产的同类药品进行饮水来配合治疗。对患有眼疾的病鸡，在采取上述措施的同时，还必须用2%～3%硼酸溶液进行点眼治疗。

三、维生素 D 缺乏症

1. 概述

维生素 D 缺乏症是以维生素 D 缺乏引起家禽的钙、磷吸收和代谢障碍，骨骼、蛋壳形成等受阻，以雏禽佝偻病和缺钙症状为特征的营养缺乏症。

2. 临床症状及病理剖检变化

雏鸡维生素 D 缺乏时，生长迟缓，发育不良，羽毛松乱，无光泽，有时下痢；腿软，步态不稳，左右摇摆，常以跗关节着地，蹲坐，平衡失调；喙和爪软而容易弯曲，肋骨和肋软骨的结合处可摸到圆形结节，呈捻珠状，胸骨侧弯呈"S"状，胸骨正中内陷，使胸腔变小，脊椎荐部和尾部向下弯曲，长骨质脆易骨折。

产蛋鸡维生素 D 缺乏时，初期表现为薄壳蛋和软壳蛋数量增加，继而产蛋量明显下降，甚至停产；种蛋孵化率降低，胚胎多在 10 ~ 16 日龄死亡；病鸡严重时双腿软弱无力，呈现"企鹅形"蹲伏姿势；喙、爪和龙骨、胸骨变软弯曲，长骨质脆，易骨折，剖检可见骨骼钙化不良。

3. 防控

改善饲养管理条件，保证鸡舍光照充足、通风良好；合理调配日粮，注意日粮中维生素 D、钙磷比例和脂肪含量。

发病鸡可补充维生素 D_3，在饲料中添加维生素 D_3 粉或饮水中使用速溶多维，饲料中剂量可为 1 500 国际单位/千克；雏鸡缺乏维生素 D 时，每只可喂服 2 ~ 3 滴鱼肝油，每天 3 次；患佝偻病雏鸡，每只每次喂给 1 万 ~ 2 万国际单位的维生素 D_3 油或胶囊疗效较好，个别严重鸡只注射维丁胶钙；多晒太阳，保证足够的日照时间对治疗有帮助作用；对产蛋后期的蛋鸡，每天下午最后一次喂料前，在饲槽中加入贝壳粉或颗粒状石灰粉。让鸡自由采食，可有效预防本病。

四、维生素 E 缺乏症

1. 概述

维生素 E 缺乏症是以脑软化症、渗出性素质、白肌病和成禽繁殖障碍为特征的营养缺乏性疾病。

2. 临床症状及病理剖检变化

脑软化症：多发生于 3 ~ 6 周龄的雏鸡，发病后表现为精神沉郁，瘫痪，共济失调，头向后方或下方弯曲或向一侧扭曲，站立不稳向前冲，常倒于一侧衰竭死亡；出壳后弱雏增多，站立不稳；脐部愈合不良及曲颈、头插向两腿之间等神经症状。剖检可见小脑软化，脑膜水肿，有出血点和坏死灶，坏死灶多呈灰白色斑点。

渗出性素质：多发于 20 ~ 60 日龄雏禽，小鸡双腿交叉站立，病鸡翅膀、颈胸腹部等部位水肿，心包内积液，皮下血肿，可见有大量淡蓝绿色的黏性胶冻样液体。

白肌病：维生素 E、微量元素硒和含硫氨基酸同时缺乏，表现为胸肌和腿肌色浅，苍白，有白色条纹，肌肉松弛无力，消化不良，运动失调，贫血。

生殖能力的损害：成鸡产蛋率和种蛋孵化率降低，公鸡精子形成不全，繁殖力下降，受精率低；死胚、弱雏增多。

3. 防控

预防：饲料中添加足量的维生素 E，鸡每千克日粮应含有 10 ~ 15 国际单位；饲料硒含量应为 0.025 毫克/千克饲料；饲料中添加抗氧化剂。

治疗：雏禽脑软化症，每只鸡每日喂服维生素 E 5 国际单位，轻症者 1 次见效，连用 3 ~ 4 天，为一个疗程，同时，每千克日粮应添加 0.05 ~ 0.1 毫克的亚硒酸钠。雏禽渗出性素质病及白肌病，每千克日粮添加维生素 E 20 国际单位或植物油 5 克，亚硒酸钠 0.2 毫克，蛋氨酸 2 ~ 3 克，连用 2 ~ 3 周。成年鸡缺乏维生素 E 时，每千克日粮添加维生素 E 10 ~ 20 国际单位或植物油 5 克或大麦芽 30 ~ 50 克，连用 2 ~ 4 周，并酌情饲喂青绿饲料。

五、维生素 B_1 缺乏症

1. 概述

维生素 B_1 缺乏症是以维生素 B_1（硫胺素）缺乏而导致碳水化合物代谢障碍和神经系统紊乱，以多发性神经炎为典型症状的营养缺乏性疾病。

2. 临床症状及病理剖检变化

典型症状是多发性神经炎，病鸡瘫痪，坐在屈曲的腿上，角弓反张，头向背后极度弯曲，后仰呈"观星状"。成年鸡一般在

日粮中维生素 B_1 缺乏3周后发病，表现厌食、消瘦、消化障碍，羽毛蓬乱，体重减轻，体弱无力，严重贫血和下痢，鸡冠发绀，所产种蛋在孵化中常有死胚或延期出壳；雏鸡症状大体与成年鸡相同，但发病突然，多在两周龄以前发生。剖检无特征性病理变化，胃肠道有炎症，睾丸和卵巢明显萎缩，心脏轻度萎缩，皮下水肿。大脑和小脑有不同程度的出血。

3. 防控

防止饲料发霉，不饲喂变质劣质鱼粉；适当多喂各种谷物、麸皮和青绿饲料；控制嘧啶环和噻唑药物的使用，必须使用时疗程不宜过长；注意日粮配合，在饲料中添加维生素 B_1，满足家禽需要，鸡的需要量每千克饲料：0~6周龄1.8毫克，7~20周龄1.3毫克，产蛋鸡0.8毫克。

病鸡可用硫胺素治疗，饲喂剂量为每千克体重2.5毫克，重症病鸡可肌内注射。

六、维生素 B_2 缺乏症

1. 概述

维生素 B_2 缺乏症是由于维生素 B_2（核黄素）缺乏而引起家禽物质代谢发生障碍，以被毛病变、趾爪蜷缩、瘫痪及坐骨神经肿大为主要特征的营养缺乏性疾病。

2. 临床症状

本病多发于育雏期和产蛋高峰期。雏鸡明显特征是卷爪麻痹症状，趾爪向内蜷缩呈"握拳状"；两肢瘫痪，以飞节着地，翅膀展开以维持身体平衡，运动困难，被迫以踝部行走；雏鸡生长缓慢、衰弱、消瘦、贫血、背部羽毛脱落，严重时发生下痢；成年鸡产蛋量下降明显，蛋白稀薄，种蛋孵化率明显降低，孵出雏鸡呈棒状羽毛。

3. 病理剖检变化

尸检内脏器官没有反常变化，但可见消化道比较空虚，胃肠道黏膜萎缩，肠道内有大量泡沫状内容物，重症鸡坐骨、肱骨神经鞘显著肥大，其中坐骨神经和臂神经变粗为维生素 B_2 缺乏症典型症状。

4. 防控

饲料中添加蚕蛹粉、干燥肝脏粉、酵母粉、谷类和青绿饲料等富含维生素 B_2 的原料；雏鸡一开食就应饲喂全价配合日粮，在饲料中添加维生素 B_2，满足家禽需要，鸡的需要量每千克饲料：0~6 周龄 3.6 毫克，7~20 周龄 1.8 毫克，产蛋鸡 2.2 毫克，重母鸡 3.8 毫克。

病鸡可用核黄素治疗，在日粮中添加核黄素，或按药物说明内服核黄素，连用 7 天可收到较好的疗效；病情较重者注射维生素 B_2 或复方维生素 B 注射剂；对于病情严重且进食困难的病鸡，先连续肌内注射维生素 B_2 两次，再在日粮中添加足量的维生素 B_2。

七、钙和磷缺乏症

1. 概述

钙和磷缺乏症是一种以雏禽佝偻病、成禽软骨病为其特征的营养缺乏性疾病。

2. 临床症状及病理剖检变化

雏禽典型症状是佝偻病，早期可见病鸡喜欢蹲伏，不愿走动，食欲不振，病禽生长发育和羽毛生长不良，以后腿软，站立不稳，步态跛瘸；骨质软化，易骨折，关节肿大，跗关节尤其明显，胸骨畸形，肋骨末端呈念珠状小结节，有时拉稀。

成禽易发生骨软症，以高产鸡的产蛋高峰期多见，骨质疏松，骨硬度差，骨骼变形，腿软，卧地不起，爪、喙、龙骨弯曲，产蛋下降，沙皮蛋、薄壳蛋、软壳蛋增多，种蛋孵化率下降。

剖检可见全身骨骼骨质疏松，骨髓腔变大，易骨折，胸骨和肋骨可自然骨折，与脊柱连接处的肋骨局部有珠状突起，肋骨增厚，弯曲，致使胸廓两侧变扁，雏鸡胫骨、股骨头骨质疏松，局部骨骼增生。

3. 防控

应注意饲料中钙、磷含量要满足禽的需要，而且要保证比例适当，尤其产蛋鸡和雏鸡日粮中保证钙、磷的正常吸收、代谢；同时注意维生素 D 的给予和鸡群的光照。

治疗：非产蛋鸡缺钙，可将钙水平提高 1%，产蛋鸡缺钙，可将钙水平提高 3%，并相应提高磷水平，同时对病禽加喂鱼肝油或补充维生素 D。

八、锰缺乏症

1. 概述

锰缺乏症又称滑腱症，是因为锰元素缺乏引起的以骨形成障碍、骨短粗、筋腱滑脱为特征的营养缺乏病。

发病原因：配方不当日粮中缺乏锰，饲料中钙、磷、铁、植酸盐等过量使锰的吸收率降低；饲料中 B 族维生素不足使禽类对锰的需要量增加；其他影响因素，如鸡患球虫病等胃肠道疾病及药物使用不当时锰的吸收利用受到影响。

2. 临床症状和剖检变化

雏禽骨骼发育不良，发生长骨短粗、脱腱、软骨发育不全、跗关节肿大变形、胫骨扭曲、腓肠肌肌腱与骨踝脱离，出现跛行或跗关节着地瘫痪，强行驱赶时，肘部外翻；下颌骨变短，形成"鹦鹉嘴"；成年母禽产蛋量下降，蛋壳薄脆，种蛋孵化率低，胚胎畸形，腿短粗，翅膀残缺，头呈圆球形或呈鹦鹉嘴，胚胎水肿，腹部突出，孵出雏鸡软骨，营养不良，表现出神经机能障碍、运动失调和头骨变粗等症状；锰缺乏可导致水禽生长缓慢，羽毛、皮肤发育不良，先天性生殖能力下降。

3. 防控

正常家禽饲料中应含有锰40~80毫克/千克，常采用硫酸锰作为锰补充剂，糠麸含锰丰富，调整日粮有良好的预防作用。

治疗：发病家禽每千克日粮中添加0.12~0.24克硫酸锰，也可用1:3 000高锰酸钾溶液饮水，每日2~3次，连用4天。

九、锌缺乏症

1. 概述

锌缺乏症是由于缺乏锌引起以羽毛发育不良，生长发育停滞，骨骼异常，生殖机能下降等为特征的营养缺乏症。

发病原因：地方性缺锌；配方不当，锌添加量不足；钙、镁、铁、植酸盐过多，含铜量过低，不饱和脂肪酸缺乏，影响锌的吸收；其他因素，如棉酚可与锌结合，使锌失去生物活性等。

2. 临床症状和剖检变化

雏禽缺锌时食欲下降，消化不良，生长发育迟缓或停滞，羽毛发育异常，翼羽、尾羽缺损，严重时无羽毛，新羽不易生长；发生皮炎、角化呈鳞状，产生较多的鳞屑，腿和趾上有炎性渗出物或皮肤坏死，创伤不易愈合；骨短粗，关节肿大，常蹲伏地面；成禽产蛋量下降，蛋壳薄，易发生啄蛋癖，种蛋孵化率低，胚胎异常，可能只有一个头和完整内脏，没有翅膀、体壁或腿。

3. 防控

正常家禽饲料中含锌50~60毫克/千克即可满足需要，可通过增加鱼粉、骨粉、酵母、花生粕、大豆粕等用量以及添加硫酸锌补充。

治疗可用硫酸锌，按说明使用即可。

附　录

附录一　《动物疫病防治员国家职业标准》

为了进一步完善国家职业标准体系，为职业教育、职业培训和职业技能鉴定提供科学、规范的依据，根据《中华人民共和国劳动法》、《中华人民共和国职业教育法》的有关规定，人力资源和社会保障部、农业部共同组织专家，制定了《动物疫病防治员国家职业标准》（以下简称《标准》）。《标准》已经人力资源和社会保障部、农业部批准，自 2009 年 7 月 26 日正式施行。内容包括职业概况、基本要求、工作要求三部分。

1. 职业概况

1.1　职业名称

动物疫病防治员。

1.2　职业定义

从事动物疫病防治工作的人员。

1.3　职业等级

本职业共设三个等级，分别为：初级（国家职业资格五级）、中级（国家职业资格四级）、高级（国家职业资格三级）。

1.4　职业环境

室内、室外、常温。

1.5　职业能力特征

具有一定的学习和计算能力；嗅觉和触觉灵敏；手指、手臂灵活，动作协调。

1.6　基本文化程度

初中毕业。

1.7　培训要求

1.7.1　培训期限

全日制职业学校教育，根据其培养目标和教学计划确定。晋级培训期限：初级不少于 150 标准学时；中级不少于 120 标准学时；高级不少于 90 标准学时。

1.7.2　培训教师

培训初级人员的教师应具有本职业高级职业资格证书或相关专业中级技术职务任职资格；培训中级人员的教师应具有本职业高级职业资格证书 1 年以上或相关专业中级技术职务任职资格；培训高级人员的教师应具有本职业高级职业资格证书 2 年以上或相关专业高级技术职务任职资格。

1.7.3　培训场地设备

理论知识培训场地应有能满足教学需要的标准教室；专业技能培训场所应有相关仪器设备与材料。

1.8　鉴定要求

1.8.1　适用对象

从事或准备从事本职业的人员。

1.8.2　申报条件

——初级（具备以下条件之一者）

（1）经本职业初级正规培训达规定标准学时数，并取得结业证书。

（2）在本职业连续见习工作 2 年以上。

——中级（具备以下条件之一者）

（1）取得本职业初级职业资格证书后，连续从事本职业工作 3 年以上，经本职业中级正规培训达规定标准学时数，并取得结业证书。

（2）取得本职业初级职业资格证书后，连续从事本职业工作 5 年以上。

（3）连续从事本职业工作 7 年以上。

（4）取得经劳动和社会保障行政部门审核认定的、以中级技能为培养目标的中等以上职业学校本职业（专业）毕业证书。

——高级（具备以下条件之一者）

（1）取得本职业中级职业资格证书后，连续从事本职业工作 3 年以上，经本职业高级正规培训达规定标准学时数，并取得结业证书。

（2）取得本职业中级职业资格证书后，连续从事本职业工作 5 年以上。

（3）取得高级技工学校或经劳动和社会保障行政部门审核认定的、以高级技能为培养目标的高等职业学校本职业（专业）毕业证书。

1.8.3　鉴定方式

分为理论知识考试和技能操作考核。理论知识考试采用闭卷笔试等方式，技能操作考核采用现场实际操作、模拟和口试等方式。理论知识考试和技能操作考核均实行百分制，成绩皆达 60 分及以上者为合格。

1.8.4　考评人员与考生配比

理论知识考试考评人员与考生配比为 1∶15，每个标准教室不少于 2 名考评人员；技能操作考核考评员与考生配比为 1∶5，且不少于 3 名考评员。

1.8.5　鉴定时间

理论知识考试时间不少于 120 分钟。技能操作考核：初级、中级不少于 60 分钟，高级不少于 90 分钟。

1.8.6　鉴定场所设备

理论知识考试在标准教室进行；技能操作考核应为具有实验动物、实验器材及实验设备的场所。综合评审应在具有多媒体设备的会议室。

2. 基本要求

2.1　职业道德

2.1.1　职业道德基本知识

2.1.2　职业守则

（1）爱岗敬业，有为祖国畜牧业健康发展努力工作的奉献精神。

（2）努力学习业务知识，不断提高理论知识和操作能力。

（3）工作积极，热情主动。

（4）遵纪守法，不谋私利。

2.2　专业基础知识

2.2.1　畜禽解剖生理基础知识

（1）畜体的组织结构。

（2）消化系统。

（3）呼吸系统。

（4）循环系统。

（5）泌尿系统。

（6）生殖系统。

（7）运动系统。

（8）神经系统。

（9）内分泌系统。

（10）感觉器官与被皮系统。

（11）家禽的解剖与生理特征。

2.2.2　动物病理学基础知识

（1）动物疾病的概念特征。

（2）动物疾病发生的原因。

（3）动物疾病发生发展的基本规律。

（4）动物常见的局部病理变化。

2.2.3　兽医微生物与免疫学基础知识

（1）兽医微生物学基础知识。

（2）动物免疫学基础知识。

2.2.4 动物传染病防治基础知识

（1）感染和传染病的概念。

（2）感染的类型。

（3）传染病病程的发展阶段。

（4）传染病流行过程的基本环节。

（5）疫源地和自然疫源地。

（6）流行过程的表现形式及其特性。

（7）影响流行过程的因素。

（8）动物传染病防治措施。

2.2.5 动物寄生虫病防治基础知识

（1）寄生虫的概念。

（2）宿主的概念与类型。

（3）寄生虫病的流行与危害。

（4）寄生虫病的诊断与防治。

2.2.6 人畜共患传染病防治基础知识

（1）人畜共患传染病的定义和分类。

（2）人畜共患传染病的流行病学特征。

（3）人畜共患传染病的防治原则。

2.2.7 常用兽药基础知识

（1）兽药的概念。

（2）药物的作用。

（3）合理用药。

（4）常用兽药。

（5）兽用生物制品。

2.2.8 动物卫生防疫基础知识

（1）动物饲养场选择、建筑布局的防疫条件要求。

（2）饲料与饲养卫生。

（3）饮水、环境、人员卫生。

（4）用具车辆消毒。

2.2.9　畜禽标识识别及佩带

（1）牲畜耳标的样式。

（2）牲畜耳标的佩带、回收与销毁。

2.2.10　相关法律、法规知识

（1）《中华人民共和国动物防疫法》的相关知识。

（2）《畜禽标识和养殖档案管理办法》的相关知识。

（3）《兽药管理条例》的相关知识。

（4）《重大动物疫情应急条例》的相关知识。

3.　工作要求

本标准对初级、中级和高级的技能要求依次递进，高级别涵盖低级别的要求。

3.1　初级

职业功能	工作内容	技能要求	相关知识
一、动物保定	（一）猪的保定	1.能用提起保定法保定猪 2.能用倒卧保定法保定猪	1.提起保定的适用范围和操作方法 2.倒卧保定的适用范围和操作方法
	（二）马的保定	1.能用鼻捻子法保定马 2.能用耳夹子法保定马 3.能用两后肢法保定马 4.能用栏柱内法保定马	1.鼻捻子保定的适用范围和操作方法 2.耳夹子保定的适用范围和操作方法 3.两后肢保定的适用范围和操作方法 4.栏柱内保定的适用范围和操作方法

（续表）

职业功能	工作内容	技能要求	相关知识
一、动物保定	（三）牛的保定	1. 能用徒手法保定牛 2. 能用牛鼻钳法保定牛 3. 能用栏柱内法保定牛 4. 能用倒卧法保定牛	1. 徒手保定的适用范围和操作方法 2. 牛鼻钳保定适用范围和操作方法 3. 栏柱内保定适用范围和操作方法 4. 倒卧保定适用范围和操作方法
	（四）羊的保定	1. 能用站立法保定羊 2. 能用倒卧法保定羊	1. 站立保定的适用范围和操作方法 2. 倒卧保定的适用范围和操作方法
	（五）狗的保定	1. 能用口网法保定狗 2. 能扎口法保定狗 3. 能用横卧法保定狗	1. 口网保定的适用范围和操作方法 2. 扎口保定的适用范围和操作方法 3. 横卧保定的适用范围和操作方法
	（六）猫的保定	1. 能用保定架法保定猫 2. 能用夹猫钳法保定猫	1. 保定架保定的适用范围和操作方法 2. 夹猫钳保定的适用范围和操作方法
二、动物卫生消毒	（一）消毒	1. 能采用机械法、焚烧法、火焰法进行物理消毒 2. 能采用刷洗、浸泡、喷洒、熏蒸、拌和、撒布、擦拭等法进行化学消毒 3. 能采用发酵池法进行生物消毒	1. 物理消毒的操作步骤和注意事项 2. 化学消毒的操作步骤和注意事项 3. 生物消毒的操作步骤和注意事项
	（二）消毒药的配制	1. 能配制70%酒精溶液 2. 能配制5%氢氧化钠溶液 3. 能配制0.1%高锰酸钾溶液 4. 能配制3%来苏儿溶液 5. 能配制2%碘酊溶液 6. 能配制碘甘油 7. 能配制熟石灰 8. 能配制20%石灰乳	1. 消毒药的种类 2. 消毒药溶液浓度表示方法 3. 常用消毒药配制方法 4. 常用消毒药配制的注意事项

（续表）

职业功能	工作内容	技能要求	相关知识
二、动物卫生消毒	（三）器具消毒	1. 能对诊疗器械进行消毒 2. 能对饲养器具进行消毒 3. 能对运载工具进行消毒	1. 诊疗器械消毒的操作步骤和注意事项 2. 饲养器具消毒的操作步骤和注意事项 3. 运载工具消毒的操作步骤和注意事项
	（四）防治操作消毒	1. 能对动物皮肤、黏膜进行消毒 2. 能对操作人员的手进行消毒	1. 动物皮肤、黏膜消毒的操作步骤和注意事项 2. 操作人员的手消毒的操作步骤和注意事项
三、预防接种	（一）免疫接种的准备	1. 能准备免疫接种用器械、防护物品和药品 2. 能对免疫接种器械进行消毒和人员消毒及防护 3. 能判断待接种动物的健康状况 4. 能检查、预温、稀释和吸取疫苗	1. 免疫接种用器械、防护物品和药品种类 2. 免疫接种器械、人员消毒和防护的消毒步骤和注意事项 3. 待接种动物的健康状况检查内容 4. 检查、预温、稀释和吸取疫苗的方法
	（二）免疫接种	1. 能进行禽的颈部皮下注射免疫接种、肌内注射免疫接种、皮内注射免疫接种、刺种免疫接种、点眼滴鼻免疫接种、饮水免疫接种、气雾免疫接种 2. 能进行动物皮下免疫接种、肌内免疫接种	1. 免疫接种的种类、方法和注意事项 2. 免疫接种的后续工作
	（三）免疫接种管理	1. 能给动物佩带免疫耳标，填写免疫档案 2. 能进行生物制品的出入库管理	1. 畜禽标识的相关知识 2. 生物制品出入库管理的相关知识
四、监测、诊断样品的采集与运送	（一）监测、诊断样品采样前的准备	1. 能准备采样用的器具，并对采样器具进行消毒 2. 能准备试剂、记录材料和防护用品	1. 监测、诊断样品的种类 2. 样品记录相关知识

（续表）

职业功能	工作内容	技能要求	相关知识
四、监测、诊断样品的采集与运送	（二）血液样品的采集、保存与运送	1. 能进行耳静脉采血、颈静脉采血、前腔静脉采血、心脏采血、翅静脉采血、后肢内侧面大隐静脉采血、眼睛采血 2. 能进行血液样品的保存和运送	1. 不同采血方法的适用范围、操作步骤和注意事项 2. 血液采集注意事项 3. 血清样品的要求、分离血清的操作步骤和注意事项
五、药品与医疗器械的使用	（一）药品与医疗器械的保管	1. 能保管易受湿度影响药品、易挥发药品、易受光线影响药品、易受温度影响药品、危险药品 2. 能保管金属医疗器械、玻璃器皿、橡胶制品	1. 常用兽用药品的保管要求 2. 常用医疗器械的保管要求
	（二）药品及医疗器械的使用	1. 能使用注射器 2. 能使用体温计 3. 能使用听诊器 4. 能使用耳标钳打耳标 能使用耳标智能识读器读耳标，上传数据 5. 能使用保温盒、冰箱、冰柜保存药品 6. 能使用消毒液机进行消毒	1. 影响药物疗效的因素 2. 合理用药的原则 3. 禁用的兽用药品 4. 药物的残留及停药期规定 5. 医疗器械的使用方法和注意事项 6. 耳标智能识读器的使用方法
六、临床观察与给药	（一）动物流行病学调查	1. 能收集动物流行病学资料 2. 能整理动物流行病学资料	1. 收集动物流行病学资料的相关知识 2. 整理动物流行病学资料的相关知识
	（二）临床症状的观察与检查	1. 能区分健康动物与患病动物 2. 能识别健康动物与患病动物的粪便 3. 能测定动物的体温、心率和呼吸率	1. 健康动物体征 2. 临床检查的基本程序和基本内容 3. 健康动物和患病动物的区分方法 4. 动物粪便的检查方法 5. 动物体温、心率和呼吸率测定的方法和注意事项

（续表）

职业功能	工作内容	技能要求	相关知识
六、临床观察与给药	（三）护理	1. 能护理患病动物 2. 能护理哺乳期幼龄动物	1. 各种患病动物的护理要点 2. 哺乳期幼龄动物的护理要点
	（四）给药	1. 能配制散剂、软膏剂、糊剂、水溶液剂、汤剂 2. 能进行口服给药、灌肠给药	1. 试剂配制的基本要求、操作步骤和注意事项 2. 各类动物给药操作要求和注意事项
	（五）驱虫	1. 能驱除动物体内寄生虫 2. 能用药浴法驱除动物体表寄生虫	1. 驱虫的基本概念、方法和注意事项 2. 绵羊药浴的操作步骤和注意事项
七、动物阉割	（一）外科基本操作	1. 能止血、缝合、绷带包扎 2. 能处理新鲜创、化脓创和肉芽肿	1. 术部消毒、止血的方法 2. 缝合的类型 3. 绷带包扎的作用 4. 新鲜创、化脓创、肉芽创的概念和处理方法
	（二）动物的阉割	1. 能进行幼龄母猪阉割手术 2. 能进行幼龄公猪阉割手术 3. 能进行公鸡去势手术	1. 幼龄母猪阉割的操作步骤和注意事项 2. 幼龄公猪阉割的操作步骤和注意事项 3. 公鸡去势的操作步骤和注意事项
八、患病动物的处理	（一）隔离	1. 能对动物进行分群隔离 2. 能对分群隔离的动物进行处置	1. 隔离动物的意义 2. 隔离动物的方法和注意事项 3. 分群隔离动物处置的方法和注意事项
	（二）病死动物的处理	1. 能运送病死动物尸体 2. 能对病死动物的尸体进行深埋、焚烧、高温处置	1. 尸体运送的注意事项 2. 深埋、焚烧、高温处置尸体的方法和注意事项
	（三）报告疫情	1. 能报告动物疫情 2. 能填写疫情报告表	1. 疫情报告的形式 2. 疫情报告的内容 3. 疫情报告表的相关知识

3.2 中级

职业功能	工作内容	技能要求	相关知识
一、动物卫生消毒	（一）畜舍、空气、排泄物等消毒	1. 能用紫外线照射法、喷雾法和熏蒸法对畜舍、空气进行消毒 2. 能用生物热消毒法、掩埋消毒法、焚烧消毒法和化学药品消毒法对畜舍粪便污物进行消毒 3. 能用物理、化学和生物方法对养殖场污水进行消毒	1. 各种消毒方法的概念及其原理 2. 空气消毒方法的种类、操作方法和注意事项 3. 粪便污物消毒方法的种类、操作方法和注意事项 4. 污水消毒方法的种类、操作方法和注意事项
	（二）场所的消毒	1. 能对养殖场的场地和圈舍进行消毒 2. 能对孵化场进行消毒 3. 能对隔离室进行消毒 4. 能对诊疗室进行消毒	1. 养殖场消毒的操作步骤和注意事项 2. 孵化场消毒的操作步骤和注意事项 3. 隔离室消毒的操作步骤和注意事项 4. 诊疗室消毒的操作步骤和注意事项
	（三）主要疫病的消毒	1. 能进行炭疽病消毒 2. 能进行布氏杆菌病的消毒 3. 能进行结核病的消毒 4. 能进行链球菌病的消毒	1. 炭疽病的相关知识 2. 布氏杆菌病的相关知识 3. 结核病的相关知识 4. 链球菌病的相关知识
	（四）消毒药的使用	1. 能使用醛类消毒药品 2. 能使用卤素类消毒药品 3. 能使用表面活性剂和季铵盐类消毒药品 4. 能使用烟熏百斯特消毒药品 5. 能使用过氧化物类消毒药品 6. 能使用醇类消毒药品 7. 能使用环氧乙烷消毒药品	1. 常用消毒药品的种类和用途 2. 消毒药使用的方法和注意事项

（续表）

职业功能	工作内容	技能要求	相关知识
二、预防接种	（一）免疫接种	1. 能进行涂肛或擦肛免疫接种 2. 能进行穴位注射免疫接种 3. 能进行腹腔注射免疫接种	1. 涂肛或擦肛免疫接种的适用范围、方法和注意事项 2. 穴位注射免疫接种的方法和注意事项 3. 腹腔注射免疫接种的方法和注意事项
	（二）生物制品的管理	1. 能保存生物制品 2. 能运输生物制品 3. 能识别、处理过期及失效疫苗	1. 生物制品保存及运输的方法和注意事项 2. 过期及失效疫苗处理的相关知识
	（三）重大动物疫病免疫接种	1. 能进行高致病性禽流感的免疫接种 2. 能进行口蹄疫的免疫接种 3. 能进行高致病性猪蓝耳病的免疫接种 4. 能进行猪瘟的免疫接种 5. 能进行鸡新城疫的免疫接种 6. 能进行炭疽的免疫接种 7. 能进行布鲁氏菌病的免疫接种 8. 能进行狂犬病的免疫接种	1. 重大动物疫病的免疫接种程序 2. 免疫接种的分类 3. 紧急免疫接种的概念 4. 紧急免疫接种的注意事项
三、监测、诊断样品的采集与运送	（一）样品的采集	1. 能进行家禽喉拭子、泄殖腔拭子和羽毛的采集 2. 能猪扁桃体、鼻腔拭子、咽拭子和肛拭子的采集 3. 能进行牛羊咽食道分泌物的采集 4. 能进行粪便样品的采集 5. 能进行生殖道样品的采集 6. 能进行皮肤样品的采集 7. 能进行脓汁的采集 8. 能进行尿液的采集 9. 能进行关节及胸腹腔积液的采集 10. 能进行乳汁的采集 11. 能进行脊髓液的采集	1. 各类样品采集的方法 2. 各类样品采集的注意事项

职业功能	工作内容	技能要求	相关知识
三、监测、诊断样品的采集与运送	（二）样品的保存与运送	1. 能保存和运送血清学检验用样品 2. 能保存和运送微生物检验用样品 3. 能保存和运送病理组织检验用样品 4. 能保存和运送毒物中毒检验用样品	1. 样品的保存方法 2. 样品包装要求 3. 样品运送的方法及注意事项
	（三）常用组织样品保存剂的配制	1. 能配制甘油缓冲溶液 2. 能配制磷酸盐缓冲液 3. 能配制饱和食盐水溶液 4. 能配制福尔马林溶液	1. 常用组织样品保存剂的种类 2. 常用组织样品保存剂的配制方法
四、药品与医疗器械的使用	（一）药品剂型	1. 能区分液体剂型 2. 能区分固体剂型 3. 能区分半固体剂型 4. 能区分气体剂型	1. 液体剂型的分类 2. 固体剂型的分类 3. 半固体剂型的分类 4. 气体剂型的分类
	（二）器械使用	1. 能识别和使用常用的外科、产科器械 2. 能使用和保养手提高压蒸气灭菌器	1. 外科器械的识别和使用方法 2. 产科器械的识别和使用方法 3. 手提高压蒸气灭菌器的使用方法及注意事项
五、临床观察与给药	（一）临床症状观察	1. 能对动物进行临床检查 2. 能识别患病动物皮肤和可视黏膜的病变	1. 临床检查的基本方法及操作步骤 2. 患病动物的皮肤病变特点及检查方法 3. 患病动物黏膜病变的特点及检查方法
	（二）尸体剖检	1. 能对病畜禽尸体进行剖检 2. 能识别畜禽组织器官的常见病变	1. 畜禽尸体剖检方法 2. 畜禽组织器官常见病变的表现
	（三）常见寄生虫检测方法	1. 能用漂浮法检查寄生虫卵 2. 能用皮屑溶解法检查螨虫 3. 能用血液涂片法检查畜禽的原虫	1. 漂浮法检查虫卵的检查方法 2. 皮屑溶解法检查虫卵的检查方法及注意事项 3. 血液涂片检查虫卵的检查方法

（续表）

职业功能	工作内容	技能要求	相关知识
五、临床观察与给药	（四）变态反应试验	1. 能进行牛结核变态反应试验和判定试验结果 2. 能进行马鼻疽点眼试验和判定试验结果	1. 牛结核皮内变态反应试验原理、操作步骤及结果判定 2. 马鼻疽菌素点眼试验操作步、骤及结果判定
	（五）给药	1. 能进行胃管投药 2. 能进行瘤胃穿刺给药 3. 能进行马盲肠穿刺给药 4. 能进行静脉注射 5. 能进行瓣胃注入给药 6. 能处理药物的副反应	1. 药物不良反应的处理方法 2. 胃管给药操作步骤及注意事项 3. 瘤胃穿刺给药操作步骤及注意事项 4. 马盲肠穿刺给药操作步骤及注意事项 5. 静脉注射给药操作步骤及注意事项 6. 瓣胃注入给药操作步骤及注意事项
六、动物阉割	（一）成年母畜的阉割	1. 能阉割成年母猪 2. 能进行阉割后处理	1. 成年母猪的阉割操作及注意事项 2. 阉割的继发症及其处理
	（二）成年公畜的去势	1. 能阉割成年公畜 2. 能进行阉割后处理	1. 公牛去势的操作步骤及注意事项 2. 公羊去势的操作步骤及注意事项 3. 公马去势的操作步骤及注意事项
七、患病动物的处理	（一）建立病历	能书写病历	1. 病历书写方法 2. 病历书写注意事项
	（二）内科病处理	1. 能对畜禽常见消化系统内科疾病进行处理 2. 能对畜禽常见呼吸系统内科疾病进行处理	1. 畜禽常见消化系统内科疾病的诊断及处理方法 2. 畜禽常见呼吸系统内科疾病的诊断及处理方法 3. 其他内科疾病的诊断和处理
	（三）外科病的处理	1. 能对畜禽普通外科病进行处理 2. 能对非开放性骨折进行固定	1. 畜禽普通外科病的诊断和处理 2. 非开放性骨折的固定方法

3.3 高级

职业功能	工作内容	技能要求	相关知识
一、动物卫生消毒	（一）消毒	1. 能进行疫点、疫区消毒的操作 2. 能进行病畜禽尸体、病畜禽产品的无害化处理 3. 能使用消毒液机制备消毒液	1. 疫点、疫区消毒的程序、原则和操作步骤及消毒人员注意事项 2. 病畜禽尸体、病畜禽产品的无害化处理操作方法 3. 消毒液机的使用原则
	（二）重大疫病的消毒	1. 能进行高致病性禽流感的消毒 2. 能进行口蹄疫的消毒 3. 能进行高致病性猪蓝耳病的消毒	1. 高致病性禽流感疫情的消毒原则、方法及注意事项 2. 口蹄疫疫情的消毒原则、方法及注意事项 3. 高致病性猪蓝耳病疫情的消毒原则、方法及注意事项
	（三）消毒效果监测	1. 能对物品、环境表面及空气消毒效果进行监测 2. 能对手、皮肤及黏膜消毒效果进行监测	1. 紫外线消毒效果的监测方法 2. 物品和环境表面及空气消毒效果的生物学监测法 3. 手、皮肤及黏膜消毒效果的监测
二、预防接种	（一）生物制品的使用	能选择使用减毒活疫苗和灭活疫苗	1. 减毒活疫苗的概念和作用机理 2. 灭活疫苗的概念和作用机理
	（二）免疫接种	1. 能评估免疫效果 2. 能分析免疫失败的原因 3. 能判断和处理免疫接种后的不良反应	1. 制定免疫程序的依据 2. 免疫效果的评估方法 3. 动物免疫失败的原因 4. 接种后不良反应的分类及处理方法
三、监测、诊断样品的采集与运送	（一）病死畜禽的解剖与病变组织器官的采集	1. 能采集家禽的活体或尸体 2. 能采集动物实质器官和其他样品 3. 能保存和运送病料 4. 能采集高致病性禽流感、新城疫、猪瘟和口蹄疫监测、诊断样品	1. 病死动物的采样原则 2. 实质器官的采取与保存 3. 肠道及肠内容物样品采集 4. 皮肤样品的采集与保存 5. 脑组织的采集与保存 6. 其他样品采集与保存 7. 主要动物疫病监测、诊断样品采集部位
	（二）样品采集生物安全与防范	1. 能进行无菌操作 2. 能在采集病料时作好生物安全防护	1. 采样的生物安全措施 2. 运输样品的包装原则 3. 运输样品用的冷冻材料种类

（续表）

职业功能	工作内容	技能要求	相关知识
四、药品与医疗器械的使用	（一）药品保管	能分析药物在保管过程中失效的原因	引起药物失效的因素
	（二）器械的保管	1. 能对常用电热设备进行保管和维护 2. 能对普通显微镜进行保管和维护	1. 常用电热设备的构造及使用和注意事项 2. 普通显微镜的使用、保养及注意事项
	（三）器械的使用	1. 能使用离心机离心样品 2. 能使用超净工作台处理样品	1. 离心机的使用及注意事项 2. 超净工作台的使用方法
五、临床诊断与给药	（一）主要动物疫病临床诊断	1. 能通过临床症状及病理变化对动物疾病进行初步诊断 2. 能进行畜禽血液、粪便及尿的常规检验	1. 重大动物疫病和人畜共患病的临床表现、病变特点和诊断要点 2. 重要猪病、牛病、羊病的临床表现、病变特点和诊断要点 3. 重要禽病的临床表现、病变特点和诊断要点 4. 重要兔病的临床表现、病变特点和诊断要点
	（二）动物寄生虫病的诊断	1. 能诊断球虫病 2. 能诊断螨病 3. 能诊断猪旋毛虫病 4. 能诊断血吸虫病	1. 日本血吸虫病的临床症状、检查方法和诊断要点 2. 牛羊绦虫病、螨病的临床症状、检查方法和诊断要点 3. 弓形虫病的临床症状、检查方法和诊断要点 4. 猪旋毛虫病的临床症状、检查方法和诊断要点 5. 鸡球虫病的临床症状、检查方法和诊断要点 6. 兔球虫病、螨病的临床症状、检查方法和诊断要点
	（三）给药	1. 能进行气管注射给药 2. 能进行胸腔注射给药	1. 药物的配伍禁忌类型 2. 常用药物配伍禁忌 3. 气管注射给药操作步骤及注意事项 4. 胸腔注射给药操作步骤及注意事项

职业功能	工作内容	技能要求	相关知识
	（一）中毒性疾病的处理	1. 能根据临床症状诊断中毒性疾病 2. 能处理中毒性疾病	1. 中毒性疾病处理的一般原则 2. 动物常见中毒性疾病的诊断要点及处理
六、患病动物的处理	（二）产科疾病的处理	1. 能处理常见产科疾病 2. 能进行剖腹取胎	1. 乳房炎等常见产科疾病的诊断及处理 2. 剖腹取胎术的操作步骤及注意事项 3. 其他产科疾病处理相关知识
	（三）传染病的处理	1. 能初步判断可疑重大动物传染病 2. 能初步处理动物传染病	1. 传染病的处理原则 2. 主要动物传染病的防治技术规范

4. 比重表

4.1 理论知识

项目		初级/%	中级/%	高级/%
基本要求	职业道德	5	5	5
	基本知识	30	30	30
相关知识	动物保定	5	—	—
	动物卫生消毒	5	5	10
	预防接种	10	10	5
	监测、诊断样品的采集与运送	5	5	10
	疫苗、药品与医疗器械的使用	5	5	5
	临床观察与给药	15	15	15
	动物阉割	5	5	—
	患病动物的处理	15	20	20
合计		100	100	100

4.2　技能操作

	项目	初级（%）	中级（%）	高级（%）
技能要求	动物保定	5	—	—
	动物卫生消毒	15	10	15
	预防接种	20	20	20
	监测、诊断样品的采集与运送	5	10	15
	药品与医疗器械的使用	10	10	10
	临床观察与给药	20	20	20
	动物阉割	10	10	—
	患病动物的处理	15	20	20
	合计	100	100	100

附录二　《动物病原微生物分类名录》

　　根据《病原微生物实验室生物安全管理条例》第七条、第八条的规定，对动物病原微生物分类如下。（农业部 2005 年第 53 号令，颁布时间：2005 - 5 - 24）

　　1. 一类动物病原微生物

　　口蹄疫病毒、高致病性禽流感病毒、猪水疱病病毒、非洲猪瘟病毒、非洲马瘟病毒、牛瘟病毒、小反刍兽疫病毒、牛传染性胸膜肺炎丝状支原体、牛海绵状脑病病原、痒病病原。

　　2. 二类动物病原微生物

　　猪瘟病毒、鸡新城疫病毒、狂犬病病毒、绵羊痘/山羊痘病毒、蓝舌病病毒、兔病毒性出血症病毒、炭疽芽胞杆菌、布氏杆菌。

　　3. 三类动物病原微生物

　　多种动物共患病病原微生物：低致病性流感病毒、伪狂犬病病毒、破伤风杆菌、气肿疽梭菌、结核分支杆菌、副结核分支杆菌、致病性大肠杆菌、沙门氏菌、巴氏杆菌、致病性链球菌、李氏杆菌、产气荚膜梭菌、嗜水气单胞菌、肉毒梭状芽孢杆菌、腐败梭菌和其他致病性梭菌、鹦鹉热衣原体、放线菌、钩端螺旋体。

牛病病原微生物：牛恶性卡他热病毒、牛白血病病毒、牛流行热病毒、牛传染性鼻气管炎病毒、牛病毒腹泻/黏膜病病毒、牛生殖器弯曲杆菌、日本血吸虫。

绵羊和山羊病病原微生物：山羊关节炎/脑脊髓炎病毒、梅迪/维斯纳病病毒、传染性脓疱皮炎病毒。

猪病病原微生物：日本脑炎病毒、猪繁殖与呼吸综合征病毒、猪细小病毒、猪圆环病毒、猪流行性腹泻病毒、猪传染性胃肠炎病毒、猪丹毒杆菌、猪支气管败血波氏杆菌、猪胸膜肺炎放线杆菌、副猪嗜血杆菌、猪肺炎支原体、猪密螺旋体。

马病病原微生物：马传染性贫血病毒、马动脉炎病毒、马病毒性流产病毒、马鼻炎病毒、鼻疽假单胞菌、类鼻疽假单胞菌、假皮疽组织胞浆菌、溃疡性淋巴管炎假结核棒状杆菌。

禽病病原微生物：鸭瘟病毒、鸭病毒性肝炎病毒、小鹅瘟病毒、鸡传染性法氏囊病病毒、鸡马立克氏病病毒、禽白血病/肉瘤病毒、禽网状内皮组织增殖病病毒、鸡传染性贫血病毒、鸡传染性喉气管炎病毒、鸡传染性支气管炎病毒、鸡产蛋下降综合征病毒、禽痘病毒、鸡病毒性关节炎病毒、禽传染性脑脊髓炎病毒、副鸡嗜血杆菌、鸡毒支原体、鸡球虫。

兔病病原微生物：兔黏液瘤病病毒、野兔热土拉杆菌、兔支气管败血波氏杆菌、兔球虫。

水生动物病病原微生物：流行性造血器官坏死病毒、传染性造血器官坏死病毒、马苏大麻哈鱼病毒、病毒性出血性败血症病毒、锦鲤疱疹病毒、斑点叉尾（编者注：此字左边为鱼，右边为回）病毒、病毒性脑病和视网膜病毒、传染性胰脏坏死病毒、真鲷虹彩病毒、白鲟虹彩病毒、中肠腺坏死杆状病毒、传染性皮下和造血器官坏死病毒、核多角体杆状病毒、虾产卵死亡综合征病毒、鳌鳃腺炎病毒、Taura 综合征病毒、对虾白斑综合征病毒、黄头病病毒、草鱼出血病毒、鲤春病毒血症病毒、鲍球形病毒、鲑鱼传染性贫血病毒。

蜜蜂病病原微生物：美洲幼虫腐臭病幼虫杆菌、欧洲幼虫腐臭病蜂房蜜蜂球菌、白垩病蜂球囊菌、蜜蜂微孢子虫、跗腺螨、雅氏大蜂螨。

其他动物病病原微生物：犬瘟热病毒、犬细小病毒、犬腺病毒、犬冠状病毒、犬副流感病毒、猫泛白细胞减少综合症病毒、水貂阿留申病病毒、水貂病毒性肠炎病毒。

4. 四类动物病原微生物

是指危险性小、低致病力、实验室感染机会少的兽用生物制品、疫苗生产用的各种弱毒病原微生物以及不属于第一、第二、第三类的各种低毒力的病原微生物。

附录三 《高致病性禽流感疫情处置技术规范（试行）》

农业部 2004 年 2 月 3 日发布，农政发〔2004〕1 号

目 录

第十项　赴疫区调查采访人员防护技术要求
第十一项　饲养人员防护技术要求

第一项　样品采集、保存及运输技术规范

采集、保存和运输样品应当符合下列要求，并填写采样单。

一、样品采集

（一）病禽

1. 至少从 5 只濒死禽采集样品。样品包括：泄殖腔拭子和气管拭子（置于缓冲液中）各 5 个（小珍禽可采集新鲜粪便）；气管和肺的混样 5 个，肠管及内容物的混样 5 个；肝、脾、肾和脑等组织样品（不能混样）各 5 个。

2. 分别采集至少 10 个病鸡的血样（急性发病期血清）。

（二）病死禽

无发病禽时，可从死亡不久的病禽采样，采样要求同病禽。

棉拭子单独放入容器，容器中盛放含有抗菌素的 pH 值为 7.0～7.4 的 PBS 液。抗生素的选择视当地情况而定，组织和气管拭子悬液中加入青霉素（2 000 国际单位/毫升）、链霉素（2 毫克/毫升）、庆大霉素（50 微克/毫升）、制霉菌素（10 000 国际单位/毫升）。但粪便和泄殖腔拭子所用的抗生素浓度应提高 5 倍。加入抗生素后 pH 值应调至 7.0～7.4。

二、样品保存和运输

血样要单独存放，不能混合。

样品应密封于塑料袋或瓶中，置于有制冷剂的容器中运输，容器必须密封，防止渗漏。

样品若能在 24 小时内送到实验室，冷藏保存。否则，应冷冻运输。

若样品暂时不用，则应冷冻（最好 –70℃或以下）保存。

采样单

样品名称			
样品编号			
采样基数		采样数量	
采样日期		保存情况	冷冻（藏）
被采样单位			
通讯地址			
联系电话		邮编	

被采样单位盖章或签名

　　　　　　　　年　　月　　日

采样单位盖章 采样人签名

　　　　　　　　年　　月　　日

备注：

此单一式三份，第一联存根，第二联随样品，第三联由被采样单位保存。

第二项　血清学诊断技术规范

一、血凝（HA）和血凝抑制（HI）试验技术

（一）材料准备

1. 96 孔 V 型微量反应板，微量移液器（配有滴头）。

2. 阿氏（Alsevers）液、鸡红细胞悬液，配制方法见附录 A。

3. pH 值 7.2 的 0.01 摩/升磷酸盐缓冲液（PBS）。

4. 高致病性禽流感病毒血凝素分型抗原和标准分型血清以及阴性血清。

（二）操作方法

1. 血凝（HA）试验（微量法）

（1）在微量反应板的 1～12 孔均加入 0.025 毫升 PBS，换滴头。

（2）吸取 0.025 毫升抗原加入第 1 孔，混匀。

（3）从第 1 孔吸取 0.025 毫升抗原加入第 2 孔，混匀后吸取 0.025 毫升加入第 3 孔，如此进行对倍稀释至第 11 孔，从第 11 孔吸取 0.025 毫升弃之，换滴头。

（4）每孔再加入 0.025 毫升 PBS。

（5）每孔均加入 0.025 毫升 1%（V/V）鸡红细胞悬液（将鸡红细胞悬液充分摇匀后加入）。

（6）振荡混匀，在室温（20～25℃）下静置 40 分钟后观察结果（如果环境温度太高，可置 4℃环境下 1 小时）。对照孔红细胞将成明显的纽扣状沉到孔底。

（7）结果判定。将板倾斜，观察红细胞有无呈泪滴状流淌。完全血凝（不流淌）的抗原或病毒最高稀释倍数代表一个血凝单位（HAU）。

2. 血凝抑制（HI）试验（微量法）

（1）根据血凝试验结果配制 4HAU 的病毒抗原。以完全血凝的病毒最高稀释倍数作为终点，终点稀释倍数除以 4 即为含 4HAU 的抗原的稀释倍数。例如，如果血凝的终点滴度为 1：256，则 4HAU 抗原的稀释倍数应是 1：64（256 除以 4）。

（2）在微量反应板的 1～11 孔加入 0.025 毫升 PBS，第 12 孔加入 0.05 毫升 PBS。

（3）吸取 0.025 毫升血清加入第 1 孔内，充分混匀后吸 0.025 毫升于第 2 孔，依次对倍稀释至第 10 孔，从第 10 孔吸取 0.025 毫升弃去。

（4）1～11 孔均加入含 4HAU 混匀的病毒抗原液 0.025 毫升，室温（约 20℃）静置至少 30 分钟。

（5）每孔加入 0.025 毫升的鸡红细胞悬液轻轻混匀，静置约 40 分钟（室温约 20℃，若环境温度太高可置 4℃条件下 1 小时），对照红细胞将呈现纽扣状沉于孔底。

（三）结果判定

以完全抑制 4 个 HAU 抗原的血清最高稀释倍数作为 HI 滴度。

只有阴性对照孔血清滴度不大于 2log 2，阳性对照孔血清误差不超过 1 个滴度，试验结果才有效。HI 价小于或等于 3log 2 判定 HI 试验阴性；HI 价等于 4log 2 为阳性。

二、琼脂凝胶免疫扩散（AGP）试验

（一）材料准备

1. 硫柳汞溶液、pH 值 7.2 的 0.01 摩/升 PBS 溶液，配制方法见附录 B。

2. 琼脂板：制备方法见附录 C。

3. 禽流感琼脂凝胶免疫扩散抗原、标准阴性和阳性血清。

（二）操作方法

1. 打孔。在制备的琼脂板上按 7 孔一组的梅花形打孔（中间 1 孔，周围 6 孔），孔径约 5 毫升，孔距 2～5 毫升，将孔中的琼脂用 8 号针头斜面向上从右侧边缘插入，轻轻向左侧方向将琼脂挑出，勿伤边缘或使琼脂层脱离皿底。

2. 封底。用酒精灯轻烤平皿底部至琼脂刚刚要溶化为止，封闭孔的底部，以防侧漏。

3. 加样。用微量移液器或带有 6～7 号针头的 0.25 毫升注射器，吸取抗原悬液滴入中间孔（图附 3-1 的⑦号），标准阳性血清分别加入外周的①和④孔中，被检血清按编号顺序分别加入另外 4 个外周孔（图附 3-1 的②、③、⑤、⑥号孔）。每孔均以加满不溢出为度，每加一个样品应换一个滴头。

4. 作用。加样完毕后，静置 5～10 分钟，然后将平皿轻轻倒置放入湿盒内，37℃温箱中作用，分别在 24、48 和 72 小时观察并记录结果。

（三）结果判定

1. 判定方法。将琼脂板置于日光灯或侧强光下观察，若标准阳性血清（图附 3 - 1 的①和④号孔）与抗原孔之间出现一条清晰的白色沉淀线，则试验成立。

2. 判定标准

（1）若被检血清孔（图附 3 - 1 中的②号）与中心抗原孔之间出现清晰致密的沉淀线，且该线与抗原与标准阳性血清之间沉淀线的末端相吻合，则被检血清判为阳性。

（2）被检血清孔（图附 3 - 1 中的③号）与中心孔之间虽不出现沉淀线，但标准阳性血清孔（图附 3 - 1 中的④号）的沉淀线一端向被检血清孔内侧弯曲，则此孔的被检样品判为弱阳性（凡弱阳性者应重复试验，仍为弱阳性者，判为阳性）。

（3）若被检血清孔（图附 3 - 1 中的⑤号）与中心孔之间不出现沉淀线，且标准阳性血清沉淀线直向被检血清孔，则被检血清判为阴性。

（4）被检血清孔（图附 3 - 1 中的⑥号）与中心抗原孔之间沉淀线粗而混浊或标准阳性血清与抗原孔之间的沉淀线交叉并直伸，被检血清孔为非特异反应，应重做，若仍出现非特异反应则判为阴性。

图附 3 - 1　AGP 试验结果

附录 A

HA 和 HI 试验用溶液的配制

1. 阿氏（Alsevers）液配制

葡萄糖	2.05 克
柠檬酸钠	0.8 克
柠檬酸	0.055 克
氯化钠	0.42 克

加蒸馏水至 100 毫升，加热溶解后调 pH 值至 6.1，69 千帕 15 分钟高压灭菌，4℃保存备用。

2. 1% 鸡红细胞悬液制备

采集至少 3 只 SPF 公鸡或无禽流感和新城疫等抗体的健康公鸡的血液与等体积阿氏液混合，用 pH 值 7.2 的 0.01 摩/升 PBS 液洗涤 3 次，每次均以 1 000 转/分离心 10 分钟，洗涤后用 PBS 配成 1%（V/V）鸡红细胞悬液，4℃保存备用。

附录 B

AGP 试验用溶液的配制

1. 1% 硫柳汞溶液的配制

硫柳汞	1.0 克
加蒸馏水至	100 毫升

溶解后，置 100 毫升瓶中盖塞存放备用。

2. pH 值 7.2 的 0.01 摩/升 PBS 的配制

（1）配制 25×PB：称量 2.74 克磷酸氢二钠和 0.79 克二水磷酸二氢钠加蒸馏水至 100 毫升。

（2）配制 1×PBS：量取 40 毫升 25×PB，加入 8.5 克氯化钠，加蒸馏水至 1 000 毫升。

（3）用氢氧化钠或盐酸调 pH 值至 7.2。

（4）灭菌或过滤。

（5）PBS 一经使用，于 4℃保存不超过 3 周。

附录 C

琼 脂 板 的 制 备

称量琼脂糖 1.0 克，加入 100 毫升的 pH 值 7.2 的 0.01 摩/升 PBS 液，在水浴中煮沸使之充分融化，加入 8 克氯化钠，充分溶解后加入 1% 硫柳汞溶液 1 毫升，冷至 45～50℃时，将洁净干热灭菌直径为 90 毫米的平皿置于平台上，每个平皿加入 18～20 毫升，加盖待凝固后，把平皿倒置以防水分蒸发，放普通冰箱中保存备用（时间不超过 2 周）。

第三项　高致病性禽流感诊断标准

一、诊断指标

（一）临床诊断指标

1. 急性发病死亡；

2. 脚鳞出血；

3. 鸡冠出血或发绀、头部水肿；

4. 肌肉和其他组织器官广泛性严重出血。

（二）血清学诊断指标

1. H5 或 H7 的血凝抑制（HI）效价达到 2^4 及以上；

2. 禽流感琼脂免疫扩散（AGP）试验阳性（水禽除外）。

（三）病原学诊断指标

1. H5 或 H7 亚型病毒分离阳性；

2. H5 或 H7 特异性分子生物学诊断阳性；

3. 任何亚型病毒静脉内接种致病指数（IVPI）大于 1.2。

二、结果判定

（一）临床怀疑为高致病性禽流感

符合临床诊断指标 1，且至少有临床诊断指标 2、3、4 之一。

（二）疑似高致病性禽流感

符合结果判定（一），且符合血清学诊断指标 1 和/或 2。

（三）确诊

符合结果判定（二），且至少符合病原学诊断指标 1、2、3 之一。

第四项　封锁技术规范

一、由所在地畜牧兽医行政管理部门划定疫点、疫区、受威胁区。

二、封锁令的发布：畜牧兽医行政管理部门报请本级人民政府对疫区实行封锁，人民政府在接到报告后，应立即做出决定。决定实行封锁的，发布封锁令。

三、封锁的实施：当地人民政府组织对疫区实施封锁。在疫区周围设置警示标志，在出入疫区的交通路口建立临时性检疫消毒站，指派专人，配备消毒设备，禁止易感染活禽进出和易感染禽类产品运出，对出入人员和车辆进行严格消毒。

四、封锁令的解除：疫区内所有禽类及其产品按规定处理后，经过 21 天以上的监测未出现新的传染源，且受威胁区病原检测阴性，经动物防疫监督人员审验合格后，由当地畜牧兽医行政管理部门向发布封锁令的人民政府申请解除封锁。

第五项　扑杀技术规范

扑杀活禽可采取如下方法：

一、窒息

先将待扑杀禽装入袋中，置入密封车或其他密封容器，通入二氧化碳窒息致死；或将禽装入密封袋中，通入二氧化碳窒息致死。

二、扭颈

扑杀量较小时采用。根据禽只大小，一只手握住头部，另一只手握住体部，朝相反方向扭转拉伸。

三、其他

也可根据本地情况，采用其他能避免病原扩散的致死方法。

第六项　无害化处理技术规范

所有病死禽、被扑杀禽及其产品、排泄物以及被污染或可能被污染的垫料、饲料和其他物品应当进行无害化处理。

无害化处理可以选择深埋、焚化、焚烧等方法，饲料、粪便也可以发酵处理。

一、深埋

1. 深埋点应远离居民区、水源和交通要道，避开公众视野，清楚标识。

2. 坑的覆盖土层厚度应大于 1.5 米，坑底铺垫生石灰，覆盖土以前再撒一层生石灰。坑的位置和类型应有利于防洪。

3. 禽鸟尸体置于坑中后，浇油焚烧，然后用土覆盖，与周围持平。填土不要太实，以免尸腐产气造成气泡冒出和液体渗漏。

4. 饲料、污染物等置于坑中，喷洒消毒剂后掩埋。

二、焚化、焚烧

1. 疫区附近有大型焚尸炉的，可采用焚化的方法。

2. 处理的尸体和污染物量小的，可以挖 1.5 米深的坑，浇油焚烧。

三、发酵

饲料、粪便可在指定地点堆积，密封发酵。

以上处理应符合环保要求，所涉及到的运输、装卸等环节要避免洒漏，运输装卸工具要彻底消毒。

第七项　疫区清洗消毒技术规范

一、成立清洗消毒队

清洗消毒队应由一名专业技术人员指导。

二、设备和必需品

（一）清洗工具：扫帚、叉子、铲子、锹和冲洗用水管。

（二）消毒工具：喷雾器、火焰喷射枪、消毒车辆、消毒容器等。

（三）消毒剂：醛类、氧化剂类、氯制剂类、双季胺盐类等合适的消毒剂。

（四）防护装备：防护服、口罩、胶靴、手套、护目镜等。

三、养禽场清理、清洗和消毒

（一）首先清理污物、粪便、饲料、垫料等。

（二）对地面和各种用具等彻底冲洗，并用水洗刷禽舍、车辆等，对所产生的污水进行无害化处理。

（三）养禽场的金属设施设备的消毒，可采取火焰、熏蒸等方式消毒。

（四）养禽场圈舍、场地、车辆等，可采用消毒液喷洒的方式消毒。

（五）养禽场的饲料、垫料等作深埋、发酵或焚烧处理。

（六）粪便等污物作深埋、堆积密封发酵或焚烧处理。

（七）疫点内办公区、饲养人员的宿舍、公共食堂、道路等场所，要喷洒消毒。

（八）污水沟可投放生石灰或漂白粉。

四、交通工具清洗消毒

（一）出入疫点、疫区的交通要道设立临时性消毒点，对出入人员、运输工具及有关物品进行消毒。

（二）疫区内所有可能被污染的运载工具应严格消毒，车辆的外面、内部及所有角落和缝隙都要用清水冲洗，用消毒剂消毒，不留死角。

（三）车辆上的物品也要做好消毒。

（四）从车辆上清理下来的垃圾和粪便要作无害化处理。

五、家禽市场和笼具的清洗消毒

（一）用消毒剂喷洒所有区域。

（二）饲料和粪便等要深埋、发酵或焚烧。

（三）刮擦和清洗笼具等所有物品，并彻底消毒。所产生的污水要作无害化处理。

六、屠宰加工、贮藏等场所的清洗消毒

（一）所有家禽及其产品都要深埋或焚烧。

（二）禽舍、笼具、过道和舍外区域要清洗，并用消毒剂喷洒。

（三）所有设备、桌子、冰箱、地板、墙壁等要冲洗干净，用消毒剂喷洒消毒。

（四）所用衣物用消毒剂浸泡后清洗干净，其他物品都要用适当的方式进行消毒。

（五）以上所产生的污水要作无害化处理。

第八项　散养户养殖场地和禽舍消毒技术要求

一、扑杀鸡鸭等禽鸟后，场地必须清洗消毒。

二、在清洗消毒之前要穿戴好防护衣物。

三、禽舍中的粪便应彻底清除，院子里散落的禽粪应当收集，并作堆积密封发酵或焚烧处理。

四、清理堆积禽粪时应淋水，不得扬起粪尘。

五、用消毒剂彻底消毒场地和禽舍，用过的个人防护物品如手套、塑料袋和口罩等应销毁。

六、可重复使用的物品须用去污剂清洗两次，确保干净。

七、将扑杀时穿过的衣服用 70℃ 以上的热水浸泡 5 分钟以上，再用肥皂水洗涤，在太阳下晾晒。

八、处理污物后要洗手、洗澡。

第九项　扑杀禽鸟工作人员防护技术要求

一、穿戴合适的防护衣物

（一）穿防护服，或者穿长袖手术衣再加一件防水围裙。

（二）戴可消毒的橡胶手套。

（三）戴 N95 口罩或标准手术用口罩。

（四）戴护目镜。

（五）穿可消毒的胶靴，或者一次性的鞋套。

二、洗手和消毒

（一）密切接触感染禽鸟的人员，要用肥皂洗手。

（二）禽鸟扑杀和运送人员在操作完毕后，要用消毒水洗手。

三、健康监测

（一）所有暴露于感染禽鸟和可疑禽场的人员均应接受卫生部门监测。

（二）出现呼吸道感染症状的扑杀人员和禽场工人应尽快接受卫生部门检查。

（三）上述人员的家人也应接受健康监测。

（四）免疫功能低下、60 岁以上和有慢性心脏和肺脏疾病的人员要避免从事与禽接触的工作。

（五）相关人员和兽医应接受血清学监测。

第十项　赴疫区调查采访人员防护技术要求

一、需备物品

（一）口罩

（二）乳胶手套

（三）防护服

（四）一次性帽子或头套

（五）胶靴

（六）酒精棉球或消毒纸巾

（七）处理污染物的大塑料袋

二、防护要求

（一）要戴口罩，口罩不得交叉使用，用过的口罩不得随意丢弃。

（二）必须穿防护服。

（三）进入禽粪污染的地方必须穿胶靴，用后要清洗消毒。

（四）脱掉个人防护装备后要洗手或擦手。

（五）若有可能，应当洗浴，尤其是出入有禽粪灰尘的场所。

（六）废弃物要装入塑料袋内，置于指定地点。

第十一项　饲养人员防护技术要求

一、饲养人员与染疫禽鸟或粪便等污染物品接触前，必须戴口罩、手套和护目镜，穿防护服和胶靴。

二、若散养户饲养人员没有这些防护装备，要尽可能变通使用其他物品代替。如用布遮盖口鼻代替口罩，用塑料袋包头和脚，可洗涤的东西裹在身上等。

三、参与处理禽鸟及相关清洗消毒工作的，应穿戴好防护物品。

四、场地清洗消毒完成后，脱掉防护物品要洗手、洗澡。

五、衣服须用70℃以上的热水浸泡5分钟，再用肥皂水洗涤，于太阳下晾晒。

六、销毁一次性手套、塑料袋和其他相关物品。

七、胶靴和护目镜等要清洗消毒。

八、处理完上述物品要洗手。

九、儿童不得参与上述工作。

附录四 常用计量单位名称、符号与换算

1. 常用法定计量单位名称、符号与换算对照表

量的名称	中文符号	国际符号	单位换算
长度（L） 宽度（b） 高度（h） 厚度（δ） 半径（r, R） 直径（d, D）	米	m	3 市尺 = 1 米
	厘米	cm	1 公分 = 1 厘米 = 10^{-2} 米
	毫米	mm	1 公厘 = 1 毫米 = 10^{-3} 米
	微米	μm	1 公微 = 1 微米 = 10^{-6} 米
	纳米	nm	1 毫微米 = 1 纳米 = 10^{-9} 米
	千米（公里）	km	1 千公尺 = 1 千米
			1 海里 = 1.852 公里 = 1 852 米
			1 英寸 = 2.54 厘米
			1 英尺 = 30.48 厘米
			1 码 = 91.44 厘米
			1 英里 = 1 609.344 米
质量（m）	千克（公斤）	kg	1 吨 = 1 000 千克
			1 市斤 = 0.5 千克
	兆克	Mg	1 市担 = 50 千克
	克	g	1 千克 = 1 000 克
	毫克	mg	1 克 = 1 000 毫克
	微克	μg	1 毫克 = 1 000 微克
面积（A, S）	平方米	m²	1 市亩 ≈ 666.67 平方米
	平方千米	km²	1 公亩 = 100 平方米
	平方分米	dm²	1 公顷 = 10 000 平方米
	平方厘米	cm²	1 平方市里 = 2.5×10^5 平方米
	平方毫米	mm²	

（续表）

量的名称	中文符号	国际符号	单位换算
压力、 压强 （P）	帕［斯卡］	Pa	1 标准大气压 = 1.01325×10^5 Pa
	吉帕［斯卡］	GPa	1 毫米汞柱 = 133.322Pa
	兆帕［斯卡］	MPa	1 毫米水柱 = 9.806375Pa
	千帕［斯卡］	kPa	1 工程大气压 = 9.8065×10^4 Pa
	毫帕［斯卡］	mPa	1 巴 = 10^5 Pa
	微帕［斯卡］	μPa	1 托 = 133.322Pa
正应力（6） 切应力（τ） （剪应力）	帕［斯卡］ 或牛(顿)每平方米	Pa 或 N/m²	千克力每平方米 = 9.80665Pa
			吨力每平方米 = 9.80665×10^3 Pa
力（F）	牛（顿）	N	1 达因 = 10^{-5} N
	兆牛（顿）	MN	1 克力 = 9.80665×10^{-3} N
	千牛（顿）	kN	千克力 = 9.80665N
	毫牛（顿）	mN	吨力 = 9.80665×10^3 N
	微牛（顿）	μN	磅力 = 4.448N
力矩（M）	牛（顿）米	N·m	1 达因厘米 = 10^{-7} N·m
	兆牛（顿）米	MN·m	1 千克力米 = 9.80665N·m
	千牛（顿）米	kN·m	1 英顿力英尺 = 3.037×10^3 N·m
	毫牛（顿）米	mN·m	
	微牛（顿）米	μN·m	
功（W） 热量（Q）	焦（耳）	J	可应用非国际单位与法定单位换算
	兆焦（耳）	MJ	1 瓦（特小）时 = 3.6×10^3 J
	千焦（耳）	kJ	1 千瓦（特小）时 = 3.6×10^6 J
	毫焦（耳）	mJ	1 兆瓦（特小）时 = 3.6×10^9 J
			1 电子伏 = 1.602×10^{-19} J
			废除单位与法定单位换算：
			1 尔格（达因厘米）= 10^{-7} J
			1 马力小时 = 2.648×10^6 J
			1 千克力米 = 9.80665J
			1 牛（吨）米 = 1J
			1 升标准大气压 = 101.325J

（续表）

量的名称	中文符号	国际符号	单位换算
热力学温度（T）	开（尔文）	K	
摄氏温度（℃）	摄氏度	℃	
华氏温度（t_F）	华氏度	℉	
时间（t）	天（日）	d	1 天 = 36 400 秒
	（小）时	h	1 小时 = 3 600 秒
	分	min	1 分钟 = 60 秒
	秒	S	
	毫秒	mS	
功率（P）	瓦特	W	（米制）1 马力 = 735 瓦
	兆瓦特	MW	= 0.736 千瓦
	千瓦特	KW	1 千瓦 = 1.36 马力
	毫瓦特	mW	
电场强度（E）	伏（特）每米	v/m	

2. 国际单位

IU 是抗生素、维生素含量国际单位的符号，是 international unit 的缩写。通常是根据药物的特性规定 1IU = 多少质量。药典中，含量纯的抗生素 1 000 国际单位相当于 1 毫克。

1 国际单位维生素 A = 0.300 微克结晶视黄醇

= 0.344 微克维生素 A 醋酸酯

= 0.550 微克维生素 A 棕榈酸酯

= 0.358 微克维生素 A 丙酸酯

1 国际单位维生素 D = 0.025 微克维生素 D_3

1 国际单位维生素 E = 1 毫克维生素 E（DL-α-生育酚醋酸酯）

1 国际单位青霉素 = 0.60 微克结晶青霉素 G 钠盐

附录五 病禽临床症状及病理剖检图谱

图 4-1 鸡新城疫

图 4-1-1 新城疫病鸡出现
扭头症状

图 4-1-2 新城疫病死鸡口
腔流出大量绿色酸臭液体

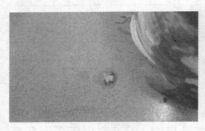

图 4-1-3 新城疫病鸡拉草
绿色稀便

图 4-1-4 新城疫病鸡回肠
淋巴滤泡肿大出血

图 4-1-5 新城疫病鸡气管
上部出血，有黏液

图 4-1-6 新城疫病鸡盲肠
扁桃体出血

图4-1-7　新城疫病鸡腺胃乳头肿大，乳头尖部潮红充血出血

图4-2　鸡传染性法氏囊炎

图4-2-1　法氏囊炎雏鸡精神
沉郁，羽毛蓬乱，闭目嗜睡

图4-2-2　法氏囊炎病鸡拉白
色带黏液稀便

图4-2-3　法氏囊浆膜外胶样
渗出

图4-2-4　法氏囊囊壁出血

图4-2-5 法氏囊炎病鸡腿肌
严重出血

图4-2-6 法氏囊炎病鸡肝脏
土黄色变性

图4-3 鸡马立克氏病

图4-3-1 神经型马立克氏病
病鸡消瘦呈劈叉姿势

图4-3-2 眼型马立克氏病鸡
瞳孔呈锯齿状

图4-3-3 皮肤型马立克氏病
乌鸡肉髯形成肿瘤结节

图4-3-4 内脏型马立克氏病
鸡卵巢肿瘤呈菜花样病变

图4-3-5 马立克氏病鸡肺部密布肿瘤结节

图4-4　鸡传染性支气管炎

图4-4-1　呼吸型传然性支气
管炎病鸡张口伸颈呼吸

图4-4-2　早期感染传然性支
气管炎引起"大档鸡"

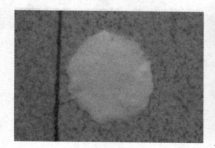

图4-4-3　肾型传染性支气管
炎病鸡排出白色奶油样粪便

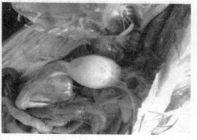

图4-4-4　腺胃型传然性支气
管炎，腺胃肿胀

图4-4-5　生殖型传然性支气
管炎，输卵管内大量积液

图4-4-6　呼吸型传然性支气
管炎，支气管干酪物

图4-4-7　肾型传然性支气管炎引起肾脏肿胀尿酸盐沉积形成"花斑肾"

图4-5　鸡传染性喉气管炎

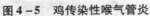

图4-5-1　传染性喉气管炎病
鸡呼吸道堵塞出现张口伸颈呼吸

图4-5-2　传染性喉气管炎病
鸡眼睛半睁、流泪

图4-5-3 传染性喉气管炎病
鸡气管内堵塞的黄色干酪物

图4-5-4 传染性喉气管炎病
鸡气管内积有血样黏条

图4-5-5 传染性喉气管炎病鸡喉头被黄色干酪物堵塞

图4-6 禽流感

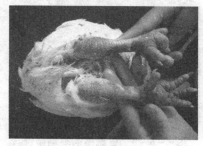

图4-6-1 禽流感病鸡附关节
周围肿胀鳞片下出血

图4-6-2 禽流感病鸡鸡冠
呈蓝紫色

图4-6-3　番鸭感染禽流感
引起神经症状

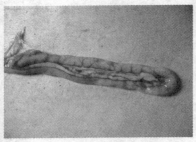

图4-6-4　禽流感病鸡胰脏
边缘线状出血

图4-6-5　禽流感病鸡卵泡破
裂，形成卵黄性腹膜炎

图4-6-6　禽流感病鸡心冠
脂肪出血

图4-6-7　禽流感病鸡腺胃
乳头肿大出血

图4-6-8　禽流感病鸡输卵管
水肿，内有似凝非凝样分泌物

图 4 - 7 鸡产蛋下降综合征

图 4 - 7 - 1 产蛋下降综合征病鸡
产蛋质量下降，蛋壳变薄、变软

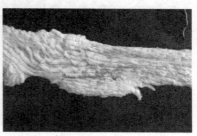

图 4 - 7 - 2 产蛋下降综合征病
鸡输卵管出血

图 4 - 7 - 3 产蛋下降综合征病
鸡子宫水肿形成水疱

图 4 - 7 - 4 产蛋下降综合征病
鸡子宫水肿出血

图 4 - 8 禽淋巴白血病

图 4 - 8 - 1 淋巴白血病病鸡
鸡冠苍白贫血

图 4 - 8 - 2 淋巴白血病引起
病鸡骨石症

图 4 - 8 - 3　淋巴白血病病鸡
血液稀薄不凝固

图 4 - 8 - 4　淋巴白血病病鸡
爪部血管瘤破裂出血

图 4 - 8 - 5　淋巴白血病病鸡
肝脏极度肿大

图 4 - 8 - 6　淋巴白血病病鸡
法氏囊肿胀形成肿瘤不能萎缩

图 4 - 8 - 7　淋巴白血病病鸡
骨髓变白

图 4 - 8 - 8　淋巴白血病病鸡
输卵管系膜形成血管瘤

图 4 - 9　禽痘

图 4 - 9 - 1　鸡痘病鸡脸部及
鸡冠上布满痘斑

图 4 - 9 - 2　鸡痘病鸡眼结膜
内形成痘斑

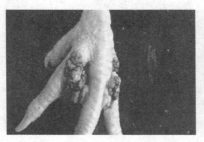

图 4 - 9 - 3　鸡痘病鸡爪部形
成痘斑，破溃出血

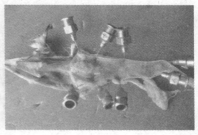

图 4 - 9 - 4　鸡痘病鸡喉头及
气管形成痘斑

图 4 - 10　鸭瘟

图 4 - 10 - 1　鸭瘟病鸭伏地不起、
双翅着地等神经症状

图 4 - 10 - 2　鸭瘟病鸭眼结膜
潮红眼睑肿胀

图 4 - 10 - 3　鸭瘟病鸭食道黏
膜成纵向出血

图 4 - 10 - 4　鸭瘟病鸭肠道形
成环状出血

图 4 - 10 - 5　鸭瘟病鸭肝脏出
血坏死

图 4 - 10 - 6　鸭瘟病鸭泄殖腔
形成坏死结痂

图 4 - 11　鸭病毒性肝炎

图 4 - 11 - 1　病毒性肝炎雏鸭
死前呈仰卧姿势

图 4 - 11 - 2　病毒性肝炎雏鸭
头颈部后仰

图 4-11-3　病毒性肝炎病鸭
肝脏土黄色、有出血点和出血斑

图 4-11-4　病毒性肝炎病鸭
脾脏肿胀有坏死点

图 4-12　小鹅瘟

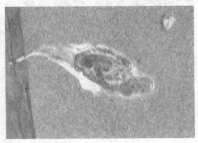

图 4-12-1　小鹅瘟病鹅喙端
蹼尖发绀症状

图 4-12-2　小鹅瘟病鹅排黄
绿色带有未消化饲料的稀粪

图 4-12-3　小鹅瘟病鹅回肠
明显肿胀

图 4-12-4　小鹅瘟病鹅肠壁
变薄、肠黏膜脱落

图 4 - 12 - 5　小鹅瘟病鹅空肠后段肿胀 2～3 倍，形成"肠芯"

图 5 - 1　禽大肠杆菌病

图 5 - 1 - 1　大肠杆菌病病鸡
脸部肿胀

图 5 - 1 - 2　关节炎型大肠杆菌
病病鸡关节肿胀出血

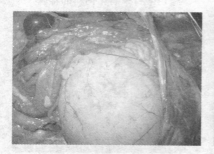

图 5 - 1 - 3　输卵管炎型大肠杆菌病病
鸡腹部变大输卵管内积有大量的干酪物

图 5 - 1 - 4　大肠杆菌病病鸡
心包炎肝周炎

图 5 - 1 - 5　成鸡感染大肠杆菌引起卵黄性腹膜炎

图 5 - 2　鸡白痢

图 5 - 2 - 1　白痢病雏精神萎靡、
身体瘦弱、双翅下垂、扎堆儿

图 5 - 2 - 2　白痢病雏发生
"糊肛"现象

图 5 - 2 - 3　白痢引起
雏鸭脐炎

图 5 - 2 - 4　白痢病鸡卵黄
吸收差卵黄变性

图5-2-5　白痢病鸡心脏
　　形成较大的肉芽肿

图5-2-6　白痢病鸡肝脏
　　形成大小不一的坏死

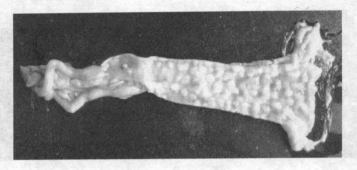

图5-2-7　白痢病鸡直肠形成
豌豆粒大小的结节

图5-3　禽霍乱

图5-3-1　霍乱病鸡脸部肿胀　　　图5-3-2　霍乱病鸡肉髯肿胀

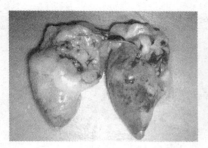

图 5 - 3 - 3　霍乱病鸡心冠
脂肪出血

图 5 - 3 - 4　霍乱病鸡肝脏
肿胀有坏死点、腹腔出血

图 5 - 3 - 5　霍乱引起脂肪
广泛性出血

图 5 - 3 - 6　霍乱病鸡肠壁
肿胀、弥漫状出血

图 5 - 4　禽支原体病

图 5 - 4 - 1　鸡感染支原体
眼部肿胀流泪

图 5 - 4 - 2　火鸡感染支原
体引起眶下窦肿胀

 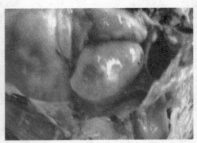

图5-4-3 支原体病鸡前
胸气囊形成干酪样物

图5-4-4 感染支原体病
鸡气囊壁增厚浑浊

图5-4-5 支原体病鸡锁骨间气囊积有干酪物

图5-5 鸡葡萄球菌病

图5-5-1 关节炎型葡萄球菌
病引起病鸡翅部脓肿

图5-5-2 关节炎型葡萄球菌
病引起病鸡关节肿胀

图5-5-3 葡萄球菌病病鸡颈部皮肤破溃

图5-5-4 葡萄球菌病病鸡皮肤脱溃肉髯水肿

图5-5-5 葡萄球菌病水禽掌部肿胀坏死

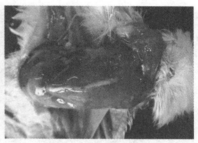

图5-5-6 葡萄球菌病病鸡皮肤破溃处皮下有血色胶样渗出

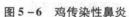

图5-6 鸡传染性鼻炎

图5-6-1 传染性鼻炎病鸡脸部肿胀流泪

图5-6-2 传染性鼻炎病鸡眼部肿胀眼睛半睁

图5-6-3 传染性鼻炎病鸡
鼻窦、眶下窦出血

图5-6-4 传染性鼻炎病鸡
头部皮下形成胶样渗出

图5-7 鸭传染性浆膜炎

图5-7-1 传染性浆膜炎病鸭
精神萎靡卧地不起

图5-7-2 传染性浆膜炎病鸭
皮下形成蜂窝织炎

图5-7-3 传染性浆膜炎病鸭
心包炎、心包内有纤维蛋白渗出

图5-7-4 传染性浆膜炎病鸭肝
周炎，严重心包炎将整个心脏覆盖

图 5 - 7 - 5   传染性浆膜炎病鸭脾脏肾脏肿胀出血

图 5 - 8   禽曲霉菌病

图 5 - 8 - 1   曲霉菌感染引起病
鸡霉菌型眼炎

图 5 - 8 - 2   曲霉菌病病鸡气囊
上形成黄色圆盘状结节

图 5 - 8 - 3   病鸡气囊、肺部形
成霉菌孢子

图 5 - 8 - 4   曲霉菌感染病鸡肺
部、气囊形成米粒大小结节

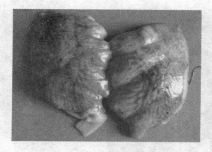

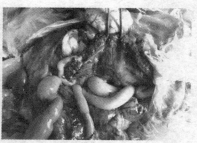

图 5 - 8 - 5 曲霉菌感染肺部
　　　　形成霉菌斑

图 5 - 8 - 6 曲霉菌感染引起
　　　　肠系膜变黑

图 5 - 8 - 7 鹌鹑感染曲霉菌气囊上形成黄色结节

图 6 - 1 鸡球虫病

图 6 - 1 - 1 球虫病病鸡肌
　　　　肉贫血

图 6 - 1 - 2 堆氏球虫引起肠壁
　　　　水肿形成白色坏死斑点

图 6-1-3 堆氏球虫引起肠壁
变厚形成假膜样坏死

图 6-1-4 毒害艾美尔球虫和柔嫩
艾美尔球虫混合感染引起肠道出血

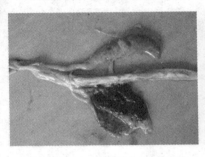

图 6-1-5 盲肠球虫引起盲肠
壁肿胀有点状出血

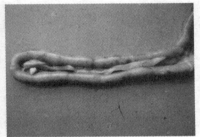

图 6-1-6 小肠球虫引起小肠
浆膜外点状出血

图 6-2 鸡住白细胞原虫病（白冠病）

图 6-2-1 住白细胞原虫病
病鸡鸡冠苍白

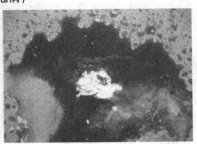

图 6-2-2 住白细胞原虫病
病鸡血液稀薄如水

图 6 - 2 - 3　住白细胞原虫病
病鸡肌肉梭状出血

图 6 - 2 - 4　住白细胞原虫病病
鸡肠系膜上形成隆起状点状出血

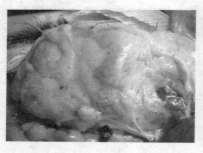

图 6 - 2 - 5　住白细胞原虫病病
鸡腹脂形成玫瑰花样出血

图 6 - 2 - 6　住白细胞原虫病病
鸡肾被膜下广泛性出血

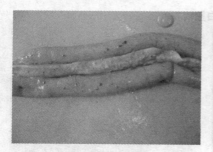

图 6 - 2 - 7　住白细胞原虫病病
鸡胰脏、肠浆膜外出现
隆起状出血

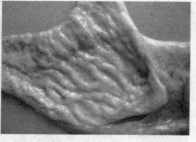

图 6 - 2 - 8　住白细胞原虫病病
鸡输卵管内呈糠麸样病变，囊
壁上有隆起状出血

图 6 - 4　禽蛔虫病

图 6 - 4 - 1　蛔虫引起病鸡营养
不良、羽毛蓬乱

图 6 - 4 - 2　蛔虫随粪便排出

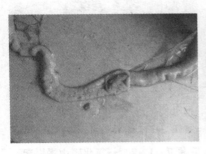

图 6 - 4 - 3　蛔虫寄生引起
肠道坏死

图 6 - 4 - 4　蛔虫引起肠道
堵塞、肠黏膜增厚

图 6 - 5　禽绦虫病

图 6 - 5 - 1　绦虫病病鸡消瘦、
精神沉郁、双翅下垂

图 6 - 5 - 2　绦虫引起肠道堵塞、
肠壁肿胀出血

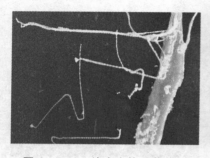

图6-5-3　绦虫虫体呈节片状

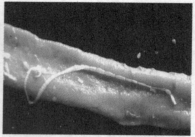

图6-5-4　绦虫及脱落的节片

图7-1　一氧化碳中毒

图7-1-1　一氧化碳中毒导致
雏鸡大量死亡

图7-1-2　一氧化碳中毒引起
肝脏呈樱桃红色

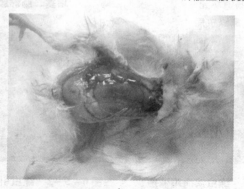

图7-1-3　一氧化碳中毒内脏器官呈樱桃红色

图 8 - 2　痛风

图 8 - 2 - 1　痛风病鸡关节腔内
有白色尿酸盐沉积

图 8 - 2 - 2　痛风病鸡内脏表面
积有尿酸盐沉积

图 8 - 2 - 3　痛风病鸡腿部脱水
肌肉上有尿酸盐沉积

图 8 - 2 - 4　痛风病鸡肾脏肿
大形成花斑肾

图 8 - 2 - 5　痛风病鸡腺胃肌胃交界处积有尿酸盐

图 8 – 3　肉鸡腹水综合征

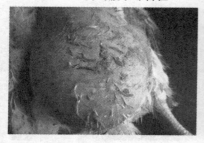

图 8 – 3 – 1　肉鸡腹水综合征病鸡腹部膨大，皮下淤血，触诊有波动感

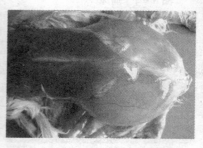

图 8 – 3 – 2　肉鸡腹水综合征病鸡腹腔充满液体

图 8 – 3 – 3　肉鸡腹水综合征病鸡肺部淤血水肿、肾脏淤血肿大

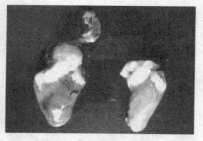

图 8 – 3 – 4　肉鸡腹水综合征病鸡心脏肥大无力
（左侧病态心脏，右侧正常心脏）

图 8 – 3 – 5　肉鸡腹水综合征病鸡肝表面渗出大量淡黄色胶样物

图 8 – 3 – 6　肉鸡腹水综合征后期病鸡肝脏硬化变小

参考文献

［1］甘孟侯．禽病诊断与防治［M］．北京：中国农业出版
社，2002.

［2］陈理盾．禽病彩色图谱［M］．沈阳：辽宁科学技术出版
社，2009.

［3］李新正．禽病鉴别诊断与防治彩色图谱［M］．北京：中国
农业科学技术出版社，2011.

［4］程安春．鸡病防治大全［M］．北京：中国农业出版社，
2002.

［5］王笃学，阴天榜．科学使用兽药［M］．郑州：中原农民出
版社，2008.

［6］中华人民共和国兽药典（兽药使用指南）（二○一○年版）
［M］．北京：中国农业出版社，2011.